日向丸
HYUGA MARU

コンテナ船

自動車専用船

原油タンカー

ＬＮＧ船

船舶知識のＡＢＣ
（ 11 訂 版 ）

池田宗雄・髙嶋恭子　共著

株 式 会 社

成 山 堂 書 店

初版はしがき

　最近の目覚しい技術革新や輸送革新により船舶の種類，構造，設備などが大きく変りました。RORO（ロロ）船，PCC（ピーシーシー），LNG（エルエヌジー）船，LASH（ラッシュ）船などの聞きなれない種類の船が多数登場しています。SSBN（戦略ミサイル潜水艦），DDG（ミサイル搭載巡洋艦）などは一般紙の記事にも出てくる用語となっています。

　また，船舶の大きさを表わすトン数の計測法も国際的に統一され，今迄とは全く異なる計り方をするようになりました。

　船舶の一般的知識に関する著書は今迄にも数多く出版されていますが，これらはかなり前に書かれたものが多く，最近の新しい船や技術については記されていないようです。

　私が海運会社や海運業界団体に勤務している間に，海運会社の陸上社員，造船や港運などの関連する業界の方々から船舶についての数多くの質問を受け，船舶に関係する職場に働く人が意外に船舶についての知識に乏しいこと，および適当な参考書が少ないことを痛感しました。

　このようなわけで，海運，造船，港運，貿易など船舶に関連する仕事に携わる方々および一般の造船愛好家を対象として，船舶の種類，構造，基本的な用語などについて分かり易く説明することを試みました。本書では，基礎的な事項の説明のみを行っていますが，船舶は関連する多くの分野の最新技術を集大成したもので，日夜進歩を遂げています。したがって，基礎的な説明から外れる事例も沢山あることを念頭に置いてお読み下さるようにお願い致します。

　本書により船舶についての理解を深められ，日常の業務に役立てて頂ければ望外の幸せです。

　最後になりましたが，本書をまとめるにあたり，諸先輩の多くの著作を参考とさせて頂きました。また，関係官庁，アメリカ大使館，内外の港湾管理者，日本船主協会を始めとする諸団体，多くの海運会社，関連メーカーの皆様から

沢山の資料の供与や助言を頂きました。さらに，刊行にあたり株式会社成山堂書店小川實社長以下編集部の皆様のご協力と励ましを受けました。心よりお礼を申し上げます。

　　　1991年7月

　　　　　　　　　　　　　　　　　　　　　　　　　　　　池田　宗雄

11訂版発行にあたって

　今回の改訂は，2019年11月に発行した10訂版を基に新しい情報へ更新し，さらに近年益々取り組みが多様化し様々なアイデアで海運全体として取り組んでいる環境問題について，国際的な条約等の内容を第6章に追記しました。

　このたび，「船舶知識のABC」の改訂に携わる機会をいただきましたことに感謝申し上げます。ぼんやりと航海士になってみたいなぁと思い東海大学に入学した最初の授業で，本書を教科書として著者である池田宗雄先生から講義を受けました。その後の学びの土台になっただけでなく，ことあるごとに本書を引き直して辞書のような役割でいつも手の届くところに置いてありました。

　改訂するにあたり改めて本書を読み直しますと，これほど広い範囲にわたる内容をわかりやすくまとめられた本であり，読めば読むほど新たな学びがあることに驚くばかりです。

　本改訂版を先生にお見せすることが叶わず非常に残念で仕方がありませんが，池田宗雄先生のご冥福をお祈りするとともに，これまでの海運界へのご貢献に感謝申し上げます。

　最後に，改訂にあたり多くの助言をいただきました東海大学非常勤講師関根博先生，商船についての知識・資料をいただきましたENEOSオーシャン株式会社石川達郎様，旭汽船株式会社西尾岳様，株式会社成山堂書店の小川典子様にお礼申し上げます。

　2022年11月

髙嶋　恭子

目　　次

第1章　船　の　種　類

1・1　総　　　　　説 ··· *1*
1・2　用途による分類 ··· *3*
　　1・2・1　商　　　　船 ·· *4*
　　1・2・2　客　　　　船 ·· *5*
　　1・2・3　貨　物　船 ··· *17*
　　1・2・4　漁　　　　船 ··· *63*
　　1・2・5　軍　　　　艦 ··· *72*
1・3　航行区域による分類 ··· *88*
1・4　外観上の分類 ··· *89*
1・5　推進機関による分類 ··· *90*
1・6　航走時の状態と船体の型状による分類 ····························· *90*
1・7　船体の材質による分類 ··· *95*

第2章　船舶に関する基本用語

2・1　船　　　　名 ··· *99*
2・2　船　舶　番　号 ·· *100*
2・3　信　号　符　字 ·· *100*
2・4　船　籍　港 ·· *101*
2・5　長　　　　さ ·· *102*
2・6　幅 ··· *103*
2・7　深　　　　さ ·· *104*
2・8　航　続　距　離 ·· *104*
2・9　機関の出力 ·· *104*
2・10　速　　　　力 ··· *106*
2・11　載　貨　能　力 ··· *107*
2・12　ト　ン　数 ··· *107*

2・12・1　総 ト ン 数・・・・・・・・・・・・・・・・・・・・・・・・・・・・・・・・・・・・・・・ *108*

2・12・2　純 ト ン 数・・・・・・・・・・・・・・・・・・・・・・・・・・・・・・・・・・・・・・・ *111*

2・12・3　載貨重量トン数・・・・・・・・・・・・・・・・・・・・・・・・・・・・・・・・・ *111*

2・12・4　満載排水トン数，満載排水量・・・・・・・・・・・・・・・・・・・ *111*

2・13　喫　　　　水(吃水)・・・・・・・・・・・・・・・・・・・・・・・・・・・・・・・・ *112*

2・14　乾　　　　舷・・ *113*

2・15　船の部位を表わす用語・・・・・・・・・・・・・・・・・・・・・・・・・・・・ *114*

第3章　船 体 の 構 造

3・1　船体に加わる力・・・・・・・・・・・・・・・・・・・・・・・・・・・・・・・・・・・・ *117*

3・2　船体の構造方式・・・・・・・・・・・・・・・・・・・・・・・・・・・・・・・・・・・・ *119*

3・2・1　横 式 構 造・・・・・・・・・・・・・・・・・・・・・・・・・・・・・・・・・・・・ *120*

3・2・2　縦 式 構 造・・・・・・・・・・・・・・・・・・・・・・・・・・・・・・・・・・・・ *121*

3・3　主要な強力部材・・・・・・・・・・・・・・・・・・・・・・・・・・・・・・・・・・・・ *122*

3・3・1　縦 強 力 材・・・・・・・・・・・・・・・・・・・・・・・・・・・・・・・・・・・・ *122*

3・3・2　横 強 力 材・・・・・・・・・・・・・・・・・・・・・・・・・・・・・・・・・・・・ *126*

3・4　船首部および船尾部の構造・・・・・・・・・・・・・・・・・・・・・・・・ *128*

3・4・1　船 首 部・・・・・・・・・・・・・・・・・・・・・・・・・・・・・・・・・・・・・・ *128*

3・4・2　船 尾 部・・・・・・・・・・・・・・・・・・・・・・・・・・・・・・・・・・・・・・ *129*

3・5　そ の 他・・ *130*

3・5・1　艙　　口 (ハッチ)・・・・・・・・・・・・・・・・・・・・・・・・・・・ *130*

第4章　船舶の主機，補機および推進装置

4・1　主　　　　機・・・・・・・・・・・・・・・・・・・・・・・・・・・・・・・・・・・・・・・ *134*

4・1・1　ディーゼル機関・・・・・・・・・・・・・・・・・・・・・・・・・・・・・・・ *134*

4・1・2　蒸気タービン・・・・・・・・・・・・・・・・・・・・・・・・・・・・・・・・・ *138*

4・1・3　ガス・タービン・・・・・・・・・・・・・・・・・・・・・・・・・・・・・・・ *142*

4・1・4　原子力機関・・・・・・・・・・・・・・・・・・・・・・・・・・・・・・・・・・・ *144*

4・2　補　　　　機・・・・・・・・・・・・・・・・・・・・・・・・・・・・・・・・・・・・・・・ *146*

4・2・1　発 電 機・・・・・・・・・・・・・・・・・・・・・・・・・・・・・・・・・・・・・・ *147*

4・2・2　燃料油系の補機 (ディーゼル船の場合)・・・・・・・・・ *148*

4・2・3　潤滑油，冷却水関係の補機 (ディーゼル船の場合)・・・・・・ *148*

4・2・4　ボ イ ラ ー・・・・・・・・・・・・・・・・・・・・・・・・・・・・・・・・・・・・ *149*

4・2・5　復　水　器（コンデンサー）················· *150*
4・2・6　清海水用ポンプ··························· *151*
4・2・7　造 水 装 置····························· *151*
4・3　推 進 装 置································· *152*
4・3・1　スクリュー・プロペラ··················· *152*
4・3・2　フォイト・シュナイダー・プロペラ········ *157*
4・3・3　ウォーター・ジェット推進··············· *158*
4・3・4　空中プロペラ推進······················· *160*

第5章　艤　　装

5・1　舵··· *163*
5・2　操 舵 装 置································· *170*
5・3　係 船 装 置································· *172*
5・3・1　揚　錨　機（Windlass）················· *172*
5・3・2　ムアリング・ウィンチ（Mooring Winch）··· *173*
5・3・3　キャプスタン（Capstan）················· *173*
5・3・4　ボラードおよびビット··················· *173*
5・3・5　フェアリーダーおよびムアリングホール··· *175*
5・4　荷 役 装 置································· *176*
5・4・1　デ リ ッ ク··························· *176*
5・4・2　ク レ ー ン··························· *178*
5・4・3　荷役用ポンプ··························· *179*
5・5　船 橋 設 備································· *182*
5・6　居 住 設 備································· *184*
5・7　救 命 設 備································· *184*
5・8　防火ならびに火災探知および消火装置········· *188*
5・8・1　消火ポンプ，消火主管および消火ホース··· *188*
5・8・2　固定式消火装置························· *189*
5・9　諸 管 装 置································· *190*
5・9・1　ビ ル ヂ 管（Bilge Pipe）··············· *190*
5・9・2　バラスト管（Ballast Pipe）··············· *191*
5・9・3　甲板洗滌管（Wash Deck Pipe）··········· *191*
5・9・4　清　水　管（Fresh Water Pipe）··········· *191*

5・9・5　衛　生　管（Sanitary Pipe）···································· *191*

5・9・6　排　水　管（Scupper Pipe）···································· *192*

5・9・7　油　　　　管（Oil Pipe ）···································· *192*

5・10　塗　　　　装··· *192*

第6章　海洋環境保護対策に対する船舶の対応

6・1　船舶起因の温室効果ガス・大気汚染物質の削減····················· *195*

6・2　国際的な対策··· *195*

6・3　造船所と船社の協力による省エネ技術························· *198*

6・4　造船技術による対応····································· *201*

お わ り に··· *203*

索　　　引··· *205*

〈巻末色刷〉

　船舶満載喫水線用帯域図

第1章　船　の　種　類

1・1　総　　説

　船の起源を明確にすることはできませんが，古くから人間の生活と密接な関係を持ち，既に旧石器時代は丸木船が使用されていたことが考古学者により明らかにされています。

　約5,000年前の地中海では，レバノン杉をエジプトに輸送するなどの国際貿易が広く行われていました。近年，エジプトのカイロ郊外のギザのピラミッドでこれを裏付ける大発見が行われました。4,700年以上も前にクフ王のため大型の木造船が

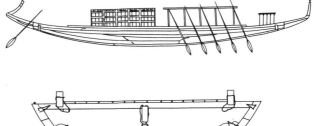

第1・1図　現存する世界最古の木造船
クフ王のためギザの大ピラミッド前に埋葬されていたのが1954年（昭和29年）に発見された。下図は，当時が釘が使用されておらず縄を用いて固定したことを示している。全長42.34m，幅5.66m，深さ1.78m，喫水1.48m，満載排水量約150トン
アレキサンドリア大学　A. Shaher Sabit 博士による。

1,224個に分解され埋葬されていたのが1954年に発見され，発掘，復元されたのです。

　この船は，太陽の船と呼ばれ全長42.34m，幅5.66m，喫水1.48m，自重50トンで100トンの貨物を積むことができ，10本の推進用オールと2本の操舵用

オールで航行しました。船体の主要部の材質はレバノン杉です**(第1・1図)**。わ
が国の千石船（北前船）は長さ 80 尺（24.2m），幅 24 尺（7.4m），深さ 8.8 尺
（2.6m）であったことを考えるとこの船の大きなことにおどろかされます。

　また，トロイ戦争（紀元前 1300 年頃）で名高いホーマーの叙事詩オデュッ
セイアーやイーリアス，ペルシアとギリシャの戦いで有名なサラミス海戦（紀
元前 480 年），コロンブスのアメリカ大陸発見（1492 年），マゼランの世界周航
（1519〜1522 年）など文学や歴史における船舶の登場場面は数限りなく存在し
ます。本書では，現在就航している大型動力船を主として取扱い，歴史的な船
や小型のヨット，モーターボート，雑種船などについては触れておりませんが，
近代の船舶の主要な歴史を個条書きにすると次のようになります。

　　1807 年　フルトン（米），商業的に引合う蒸気船を完成
　　1819 年　アメリカの「サバンナ号」（蒸気機関，帆走の両方装備）機走に
　　　　　　より初めて大西洋横断。機関の使用時間はわずか 85 時間でその他
　　　　　　は帆走。
　　1821 年　最初の鉄製汽船，「アーロン・マンビー号」完成。
　　1824 年　「キュラソー号」，機走のみにより初めて大西洋を横断。
　　1837 年　スクリュー・プロペラ船「アルキメデス号」完成。
　　1894 年　タービン船「タービニア号」完成。
　　1910 年　ディーゼル機関装備のタンカー「バルカナス号」完成。
　　1952 年　大西洋横断のブルーリボン「ユナイテッド・ステーツ号」が獲
　　　　　　得。平均速力 35.6 ノットで 1990 年までこの記録は破られなかった。
　　1959 年　最初の原子力商船「サバンナ号」進水。
　　1966 年　21 万重量トンタンカー「出光丸」完成。大西洋においてコンテ
　　　　　　ナ船による定期航路開始。
　　1968 年　わが国最初の機関無人化船「ジャパンマグノリア」完成。
　　1979 年　超合理化コンテナ船「キャンベラ丸」により 18 名での運航実験
　　　　　　開始。
　なお，船についてのはっきりした定義はなく，船舶法，船舶安全法，海上衝

突予防法などの海事法規でも定義はそれぞれ異なっています。世間一般の概念では，次の3要素を備えたものを船舶としています。

① 水上に浮揚することができる。

② 移動することができる。

③ 人または物を積載することができる。

　船を説明する場合，用途，航行区域，積載貨物の種類，推進方法，主機，船体の材質などによりそれぞれ分類されます。本書では，主として用途，積載する貨物による分類を説明します。

　なお，船舶の英語表記としては，Craft, Vessel, Ship が広く用いられていますので，本書でも統一せずに適宜使用しています。また，輸送する貨物を対象として Aircraft Carrier のように Carrier という語を用いたり，Tanker のように-erを付して船を表わすこともあります。

　日本語でも，同一の船を LNG 船，LNG タンカー，液化ガス運搬船などのように異なった呼び方をしています。

1・2　用途による分類

　船舶の区分で最も分かりやすいのは用途による分類で，大別すると次の4つになります。

船　舶 ⎰ 商　船 （Merchant Vessel）
　　　　漁　船 （Fishing Vessel）
　　　　軍　艦 （Warship, Naval Vessel）
　　　　特殊船 （Special Vessel）

　商船は，旅客または貨物を運送することにより運賃収入を得ることを目的としており，監督官庁は国土交通省です。

　漁船は，水産資源を捕獲することを目的としていますが，これに付随した工船，運搬船なども漁船の範疇に入ります。漁船の構造上の安全については国土交通省が監督しますが，業務に関しては農林水産省の管轄になります。

　軍艦は，戦闘を目的として建造された船であり，作戦を支援するための輸送艦，工作艦なども軍艦に含まれます。わが国では，自衛艦については安全性を確保するための国土交通省の法規の適用は除外されていますが，防衛省内部でこれに代わる規則を定めています。

　特殊船は，上記以外の船で，曳船（Tug），練習船（Training Ship），巡視船（Patrol Vessel），海底電線敷設船（Cable-Laying Ship），浚渫船（Dredger），砕氷船（Icebreaker），ヨット（Motor Yacht, Sailing Yacht）など多くの種類がありますが，本書では特殊船の説明は省略します。

1・2・1　商　　　船

　商船は積載する旅客や貨物により次の 3 つに分類されます。

$$
商\ 船 \begin{cases} 旅客船（Passenger\ Ship） \\ 貨客船（Passenger\text{-}cargo\ Ship） \\ 貨物船（Cargo\ Ship） \end{cases}
$$

　法規では，旅客船を 12 名を超える旅客を搭載する船舶と規定しており，貨物を搭載するか否かは問題にしていません。しかし，一般的に客船というときは，旅客を主体に輸送する船舶を指し，法規上は客船であっても，貨物と旅客の両方を搭載する船舶は，貨客船と呼ばれています。

　昭和 35 年迄日本〜北米西岸の定期航路に就航し，現在横浜の山下公園で船内を公開している「氷川丸」は貨客船の代表的なものです。

　貨物船でも旅客を搭載する設備をしたものがありますが，旅客定員は 12 名以下としています。これは，12 名を超える定員とすると，旅客船となり救命設備，防火構造，浸水時復原性などについて厳しい規則が適用されるためです。

　昭和 30 年代に建造され，ニューヨーク航路や欧州航路に就航したわが国の高速貨物船は，ほとんど全てが 12 名迄の旅客を搭載する設備を持っていました。しかし，航空機の発達と合理化による乗組員の減少などの理由で，昭和 40 年代より後に建造された日本の貨物船は旅客サービスのための設備は設けてい

ません。

1・2・2　客　　　船

　客船を用途により分類すると次のようになります。

$$客　船\begin{cases}定期航路客船（Liner）\\巡 航 客 船（Cruising Ship）\\移 民 船（Immigrant Ship）\\巡 礼 船\\フェリーボート（Ferryboat）\\その他，遊覧船など\end{cases}$$

　かつては，定期航路客船が世界の主要航路ではなばなしい活躍をし，大西洋航路では，フランスの「ノルマンディー号」（Normandie, 83,422 総トン），イギリスの「クイーン・エリザベス号」（Queen Elizabeth, 85,000 総トン），アメリカの「ユナイテッド・ステーツ号」（United States, 53,329 総トン）等の豪華客船が覇を競っていました。しかし，航空機の発達により，大洋を横断する定期航路客船は相次いで撤退を余儀なくされ，昭和 52 年 9 月 2 日，イギリス〜南アフリカ間の定期航路の最終船「エス・エー・バール号」（S. A. Vaal 30,213 総トン）がケープタウンに向けサザンプトンを出港したのを最後に，大洋航海をする定期航路客船の時代は終わりました。

　定期航路客船に代わり，最近，観光を目的とした巡航客船が盛んになってきました。わが国を何度か訪れた，「クイーン・エリザベスⅡ」（Queen Elizabeth 2 70,327 総トン，**写真**

写真 1・1　神戸港に停泊中の「クイーン・エリザベスⅡ」
QE Ⅱの略称で親しまれている（2008 年退役）。総トン数 70,327 トン／旅客定員 1,715 名／乗組員　1,004 名／航海速力　28.5 ノット（横浜市港湾局提供）

1・1)，「ロッテルダム」（Rotterdam, 38,650 総トン）などが豪華クルージング客船として広く知られていました。なお，現在就航中の「クイーン・エリザベス」は3代目で総トン数 90,400 トン，「ロッテルダム」は 2021 年7月に就航し，ホランド・アメリカラインのフラッグシップとして就航している総トン数 99,800 トンの客船です。

　近年は，クルージング客が急増し，家族連れや若者が気軽に乗船できるメガキャリアーと呼ばれる 10 万トンを超える超大型の客船も多数就航するようになりました。

　クルージングは，航海中は長い船旅自体を楽しみ，観光地に寄港中は昼間は観光をし，夜は帰船し船をホテルとして宿泊します。夜間，就寝中やカジノ，ダンスなどを楽しんでいる間に次の目的地に移動できるのも客船の利点です（**第 1・1, 1・2 表**）。旅客の希望する日程，料金なども一様ではなく，それぞれの客層にターゲットを絞って多くの種類の客船が建造されています。「クイーン・エリザベス」を有するキュナード・ライン，「ロッテルダム」を有するホランド・アメリカライン，「クリスタル・シンフォニー」を有するクリスタル・クルーズなどは，定年退職をし，時間的にも経済的にも余裕のある人々を対象にし，優雅に世界周航などを行う客船です。豪華客船は期間が長く料金も高いため，神戸〜ハワイ，サンフランシスコ〜マイアミなどのように航路を区切って乗船をする人も少なくありません。

　これに対し，数日から半月程度の短い期間で特定の海域でのクルージングを楽しむ人が急増しています。特に，マイアミからカリブ海の海域のクルージングは1週間程度のクルーズで手軽に船旅が楽しめるので人気があり，「ボイジャー・オブ・ザ・シーズ」（Voyager of the Seas 137,276 総トン）を始めとして 10 万総トンを超えるメガシップを含む多数の客船が集まっています。第 1・1 表は，西カリブ海の8日間のクルーズの日程の一例です。

　地中海も多くの客船が集まり，1 日から8日程度のクルージングが楽しめる海域で，アテネの外港であるピレウス港では毎日多数の客船が出入港しています（**写真1・2**）。第 1・2 表は，エーゲ海の8日間のクルーズの日程の一例です。

第1・1表　142,000総トンのメガシップ「ボイジャー・オブ・ザ・シーズ」による西カリブ海8日間クルーズのスケジュール

曜日	寄　港　地	入　港	出　港
日曜	マイアミ（フロリダ）	午前乗船	17：00
月曜	終日クルージング	―	―
火曜	ラバディ	8：00	16：00
水曜	オーチョリオス（ジャマイカ）	8：00	17：00
木曜	ジョージタウン（グランドケイマン）	8：00	16：00
金曜	コズメル（メキシコ）	9：00	19：00
土曜	終日クルージング	―	―
日曜	マイアミ（フロリダ）	8：30	下　船

多数の観光客を相手にするクルージング客船は，7泊8日または1週間を3泊4日と4泊5日に分割し，時間のある人は両方を連続して1週間，乗船すると

写真1・2　クルージング客船でにぎわうギリシャのピレウス港（エーゲ海に面したアテネの外港）

いうスケジュールを組んでいるものも数多くあります。

　その他アラスカの氷河（**写真1・3・a**），北欧やオセアニアのフィヨルド観光，パナマ運河（**写真1・3・b**）やマゼラン海峡通過，氷山やペンギンと出会う南極観光（**写真1・3・c**）など客船でなければ体験できない多種多様な内容で各社が競い合っています。

　わが国には大型の船舶の航行できる河川はありませんが，世界には1万トン程度の船舶の航行できる河川が多数あり，河川を遡航したところに位置する都市が数多くあり，河川を利用した水運が栄えてきました。このため，河川を航

行しながら観光すること
を目的にした客船航路も
数多くあります。欧州で
はドナウ川，セーヌ川，エ
ジプトのナイル川，中国の
長江，アメリカのミシシッ
ピー川，カナダのセント
ローレンス川，豪州のマー
レー川などでは，船型は小
型ですが客室の設備がす
ばらしい客船が多く，船酔
いを気にすることもなく
優雅に観光をすることが
できます。

　また，南太平洋の
島を巡り，ダイビン
グなどを楽しむ小型
の客船もあります
が，食事，サービス
がすばらしく，乗客
の数も少ないため，
乗客同士，乗客と乗
組員が親しくなれ，
大型の豪華客船では
味わえない雰囲気の
良い客船も多数運航
しています。目的，
予算などにより船や

第1・2表　高速客船「ブリリアンス・オブ・ザ・シー
ズ」（90,090総トン）のエーゲ海8日間クルーズの一例（エーゲ海の島々を巡る航海。）

日程	寄港地	入港	出港
1日目	ラベンナ（ベニス）イタリア	－	17：00
2日目	コトル　モンテネグロ	11：00	18：00
3日目	コルフ島　ギリシャ	07：00	15：00
4日目	ピレウス　ギリシャ	12：00	20：00
5日目	ミコノス島　ギリシャ	07：00	17：00
6日目	アルゴストリオン　ギリシャ	10：00	18：00
7日目	終日クルージング	－	－
8日目	ラベンナ（ベニス）イタリア	06：00	

参考HP:
https://www.royalcaribbean.jp/itinerary/BR/BR07M532/20220522/0/

写真1・3・a　氷河が海に崩れ落ちる海域航行中のクリスタル・シンフォニー
船籍　バハマ／建造　1995年／全長　238m／全幅　30.02m／航海速力　22ノット／乗客定員　960名／乗組員総数530名／格付け　★★★★★　　　　（日本郵船提供）

写真1·3·b パナマ運河を行くクルーズ客船「にっぽん丸」
船籍 日本／建造 1990年／全長 166.6m／全幅 24.0m／航海速力 18.0ノット／乗
客定員 404名／乗組員総数 180名
パナマ運河の大西洋側から太平洋ガツン湖に向かうにっぽん丸が3段のチャンバーから
なるガツンロックの最上段のチャンバーに入っている。チャンバーは長さ304.8m
（10,000ft），幅33.52m（110ft），深さ20m（70ft）である。
ガツン湖の水面は，海面より26m高く，3段のチャンバーに次々と水を入れて船を26m
持ち上げ太平洋側のペドロミグエルロック（1段）とミラフローレスロック（2段）で
太平洋の海面まで降ろす。チャンバーの幅で通過船の大きさは制限され，最大幅は
32.2mである。　　　　　　　　　　　　　　　　　　　　　　　（商船三井客船提供）

航路を選ぶことが大切ですが，船のランクは，ミシュランがレストランの格付
けを行っているように，格付け（Cruise Ship Rating）が行われています。もっ
とも一般的な格付けは，ダグラス・ワード（Douglas Ward）の取りまとめた
Complete Guide to Cruising and Cruise Shipsで行っているもので1から5とそ
れぞれにプラスを付し10段階に分類しています。公的な機関が行う格付けで

はなく，全てのクルーズ客船を格付けしているものではありませんが，一応の目安になります。

　船内での人的なサービスは，乗組員と乗客の比率でおおよその見当がつきます。主要な船舶の比率を第1・3表に示します。

　なお，客船の旅客定員は，ソファーベッドなどを使用した法律上許される最大定員と本来のベッドのみでゆったりと使用する定員など，使用状態により定員

写真 1・3・c　南極クルーズ
耐氷構造の客船が南極クルーズを行っている。
写真のようにゴムボートまたはヘリコプターで上陸
し，ペンギンなどと戯れる。クルーズ客船でなけれ
ば訪れることのできない場所である。
（日本船旅業協会提供）

が異なります。また，就航する航路やクルージングのスタイルにより乗組員の数も異なります。したがって，ガイドブックやパンフレットに出ている数字もまちまちです。

　客船では，乗客の宿泊する船室（キャビン，ステートルーム）以外に多くの施設がパブリックスペースとして設けられています。特に大型の客船ではラウンジ，サロン，クラブ，バー，サウナ，プール，ジム，シアター，カジノ，ライブラリー，ライティングルーム，カードルーム，ショッピングアーケード，美容室，子供用遊戯施設などの船内施設があります。

　世界最大級の客船「ワンダー・オブ・ザ・シーズ」は2022年に竣工し，カリブ海や地中海で家族向けのクルーズを主体としたサービスを提供しているカジュアルクラスの客船です。船内には多くの娯楽施設が設けられ，3つの巨大シアターではそれぞれ，ブロードウェイミュージカル，アイススケートショー，シンクロナイズドスイミングといったショーを楽しめます。それ以外にもどの

第1・3表　クルーズ客船の格付けおよび乗組員1人当たりの旅客人数

船　　　名	総トン数	就航年月	ダグラス・ウォード氏による格付け	乗組員（人）	旅客定員（人）	乗組員1人当り旅客数(人)
飛鳥Ⅱ	50,142	2006. 3	★★★★＋	470	872	1.85
OASIS OF THE SEAS	222,900	2009. 12	★★★★	2,164	5,408	2.49
Crystal Symphony	51,044	1995. 5	★★★★★	560	1,019	1.81
Europa 2	28,437	1999. 9	★★★★★＋	370	516	1.39
にっぽん丸	22,472	1990. 9	★★★★	230	524	2.27
ぱしふぃっく　びいなす	26,594	1998. 4	★★★★	220	476	2.16
Queen Elizabeth	90,900	2010. 12	★★★★＋	1,003	2,101	2.09
Rotterdam	59,855	1997. 12	★★★★	600	1,404	2.34

格付けはダグラス・ウォード氏の CRUISING & CRUISE SHIPS 2015 による

第1・4表　わが国船社が運航する外航クルーズ船一覧（平成30年4月現在）

船　　　名	飛鳥Ⅱ	にっぽん丸	ぱしふぃっくびいなす
運航会社	郵船クルーズ㈱	商船三井客船㈱	日本クルーズ客船㈱
総トン数	50,142	22,472	26,594
乗客定員（人）	872	524	644
航海速力（ノット）	21	18	18.5
乗組員（人）	470	230	220
就航年月	2006年3月（建造1990年7月）	1990年9月	1998年4月

（注）　1．㈳日本外航客船協会調べ
　　　　2．日本チャータークルーズ㈱は，商船三井客船㈱，日本クルーズ客船㈱の共同
　　　　　　出資によるチャータークルーズ会社

年代でも楽しめるよう多彩なアクティビティ，公園，遊園地などが設けられ，長い航海でも全てを周りきることが難しいほど充実しています。

　わが国の客船は，青年の船，洋上大学，洋上セミナー，企業の顧客対策，従業員の研修などに使われてきましたが，余暇の増大と所得水準の増加にともな

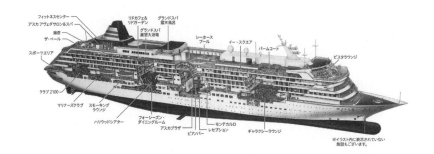

第 1・2 図 「飛鳥 II」

DECK4 (テンダーデッキ)：診療室

DECK5 (メインデッキ)：レセプション，アスカプラザ，ピアノバー，フォーシーズン・ダイニングルーム

DECK6 (プラザデッキ)：マージャンサロン，モンテカルロ (カジノ)，ラ・スッテラ (宝飾品等)，ペガサス (セレクトショップ)，スモーキングラウンジ，マリナーズクラブ (メインバー)，スポーツエリア，クラブ 2100 (ダンスホール)，ハリウッドシアター，ギャラクシーラウンジ (大ホール)，クラブ・スターズ (ダーツ，カラオケ)，ザ・ビストロ (カフェ)，フラップフラップ (カジュアルウェア)，ルブルー (雑貨)，クルーズセールスオフィス (アスカクラブ入会，予約)，ライブラリー，カードルーム，コンパスルーム (イベントスペース)

DECK7 (プロムナードデッキ)：プロムナードデッキ，セルフサービスランドリー，客室

DECK8 (ホライゾンデッキ)：セルフサービスランドリー，客室

DECK9 (シーブリーズデッキ)：セルフサービスランドリー，客室

DECK10 (アスカデッキ)：セルフサービスランドリー，客室 (スイートルーム)

DECK11 (リドデッキ)：ビスタラウンジ，パームコート (ソファラウンジ)，e-Square (PC コーナー，ライブラリー)，游仙 (和室)，シーホースプール，リドグリル，リドガーデン (ビュッフェレストラン)，海彦 (和食レストラン)，リドカフェ (ビュッフェレストラン)，ザ・ベール (プレミアムダイニング)

DECK12 (スカイデッキ)：グランドスパ (露天風呂)，アスカ アヴェダ サロン&スパ，フィットネスセンター

(郵船クルーズ株式会社提供)

　いクルージングを楽しむ人が増加し，1990 年代に「ぱしふぃっく　びいなす」(26,518 総トン) 以外に「飛鳥」(28,856 総トン)，「にっぽん丸」(26,594 総トン) などのクルーズ客船が建造され活躍しています。

　なお，客船での楽しみの 1 つにカジノがあります。しかし，わが国では賭博を法律で禁止しているため，日本籍の客船ではカジノをゲームとして楽しむだけで，現金を賭けることはできないのに対し，外国籍の船舶では本物のカジノを楽しむことができます。

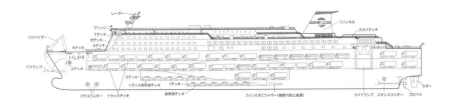

第1·3図　大型カーフェリー「いしかり」
総トン数　15,762 トン／乗用車　100 台／12m トラック　184 台／旅客　777 名を搭載。
最高速力　26.5 ノット　　　　　　　　　　　　　　　　（太平洋フェリー提供）

　移民船は，日本と南米の交流の歴史に重要な役割を果たした，移民を輸送す
るための船で，往航は貨物を積載する船艙に蚕棚と俗称される簡易ベッドを作
り移民を搭載し，復航にはベッドを取りはずして貨物を積載していました。一
般の船客も搭載しており，移民とは対照的に豪華な船室やサロンが設けられて
いました。

　日本人の海外移民は 1868 年に始まりましたが，1908 年に北米で受け入れら
れなくなったため，南米への移民が増加しました。1908 年 4 月 28 日，158 家
族 781 名の移民を乗せた「笠戸丸」（6,209 総トン）が神戸港を出港しブラジル
のサントスに向かいました。第 2 次世界大戦後，「あめりか丸」（6,219 総トン），
「さんとす丸」（8,281 総トン），「ぶらじる丸」（10,971 総トン）などの移民船
が活躍しましたが，移民者の減少と航空機の発達により 1972 年に移民船の就
航は終わりました。

　巡礼船はメッカ巡礼のイスラム教徒を輸送する船です。定まった巡礼期間に
多数の信徒が集まること，この期間はインド洋が平穏であることなどの理由に
より，船室だけでなく，甲板上にも旅客を搭載（甲板旅客という）することが
認められています。

　フェリー（**第1·3図**）は，渡船，鉄道連絡船の総称です。はっきりした定義
はありませんが，わが国で使用されているフェリーという呼称は次の 4 つの条

第1・5表　外航旅客定期の現状（2022 年 4 月現在）

航路名	運航者名	国籍	船名	船籍	船型	運航頻度
下関～釜山	関釜フェリー（株）	日本	はまゆう	日本	フェリー	毎日1往復
	釜関フェリー（株）	韓国	星希	韓国	フェリー	
博多～釜山	カメリアライン(株)	日本	ニューかめりあ	日本	フェリー	毎日1往復
	JR九州高速船（株）	日本	クイーンビートル	日本	ジェットフォイル	－
	未来高速（株）	韓国	コビー	韓国	ジェットフォイル	毎日2～3往復
			コビーⅢ	韓国	ジェットフォイル	
			コビーⅤ	韓国	ジェットフォイル	
	（株）大亜高速海運	韓国	ドリーム	韓国	ジェットフォイル	週5往復
大阪～釜山	パンスターライン(株)	韓国	PANSTAR DREAM	韓国	フェリー	週3往復
神戸・大阪～上海	中日国際輪渡有限公司	中国	新鑒真	中国	フェリー	週1往復
大阪～上海	上海フェリー（株）	日本	蘇州号	中国	フェリー	週1往復

（注）社会情勢により運行および運航スケジュールに変更が生じる。

件を満たしている船に使われています。

①　旅客と車両を一緒に搭載する。

②　海峡や離島を結ぶ橋の代わりに用いられるか，または，鉄道や道路等と平行して航行し陸路の代わりに用いられる。

③　搭載される車両は，クレーンによらないで，陸と船を結ぶ橋（ランプウェー）を自走して積み揚げが行われる。

④　利用者の対象が不特定多数である。

したがって，大洋を横断する客船，車両のみを輸送する不定期の自動車専用船などはフェリーとは呼ばれません。

フェリーは，船体の大部分が自動車を搭載するスペースで，上部の1～2層に旅客の搭載設備を設けています。フェリーは航海時間が短く，長距離フェリーでも船内で1～2泊する程度ですが，1万総トンを超える大型船も多く，ラウンジ，レストラン，多目的ホール，客室などの設備は外航クルーズ客船に負けぬほど立派で，気軽に船旅が楽しめます（**写真 1・3・d**）。

写真 1·3·d 長距離フェリー「さんふらわあ　さつま」の貴賓室（左）と特等室（右）

写真 1·3·e 内航 RORO 船「ろーろーまりも」

総トン数　8,348 トン／重量トン　6,213 トン／全長　167.72m／幅　24.0m／喫水
7.215m／航海速力　21.7 ノット／自動車積載能力　トレーラ 128 台　乗用車 152 台／最
大搭載人員　29 名（内　旅客 12 名ドライバーに限る）／船首ランプ強度　50 トン／船
尾ランプ強度　50 トン

外観はフェリーと変わらないが旅客定員は 12 名以下である。
船首右舷と船尾に車両の積み卸しをするランプが装備されている。　　　（近海郵船提供）

　また，最近はフェリーと外観も運航形態も同じですが，RORO 船（Roll on
Roll off 船，**写真 1·3·e**）と呼ばれる船舶があります。わが国ではフェリーと
RORO 船の区別は，船型ではなく，適用される法律が異なっているのです。フ
ェリーは海上運送法による「自動車航送をする一般旅客定期航路業者」であり，
運賃および料金を国土交通大臣に届け出ることが義務付けられています。これ
に対し，いわゆる RORO 船は，内航海運業法が適用される貨物船（旅客定員

写真 1・3・f　双胴ウォーター・ジェット推進の高速フェリー　「AUTO EXPRESS 101」
ジブラルタル海峡でスペインとモロッコを結ぶ航路に就航。全長　101.0m／型幅　26.6m
／型深さ　9.4m／喫水　4.2m／主機　ディーゼル4基：7,200kW×4／推進装置　ウォー
ター・ジェット／速力　37ノット／旅客定員　951名／車両　乗用車251台またはトラッ
ク16台，乗用車96台　　　　　　　　　　　　　　　　　　　（AUSTAL SHIPS JAPAN 提供）

12名以下）です。RORO船が増加したのは，規制緩和の流れの中で，一般旅客
定期航路事業であるフェリー事業を行うためには，航路ごとに「運輸大臣（現
在の国土交通大臣）の免許」を受ける必要がありましたが，2000年10月の海
上運送法の改正により「国土交通大臣に届出」をすればよいと緩和され，自由
競争にさらされることになりました。このため，フェリー事業を行っていたも
のが，旅客の搭載を12名以下に変更したり，フェリーからRORO船にリプレー
スをしたりしました。また，競争力のある新鋭のRORO船（**写真1・3・e**）も相
次いで就航しました。

　また，かつてはフェリーとRORO船では積載する自動車，シャーシなどを船
舶に引き渡す場所が船内であるか，岸壁であるかの違いがありましたが，シ
ャーシの輸送が増加し，フェリーでもモータープールで引き渡し，積み込み業
者が船に積み込み，運転手は乗船しないことが多くなってきました。RORO船
の構造や荷役設備については1・2・3（3）で詳しく説明しています。

　大洋を横断する定期航路客船が衰退したのに対し，今日フェリーは全盛時代

を迎えており，英仏海峡やバルト海などには，国際間を結ぶ豪華なフェリーや超高速で航行するフェリー **(写真1・3・f)** などが多数就航しています。

　わが国と韓国，中国を結ぶ外航旅客定期航路には第1・5表に示す多くのフェリーやジェットフォイルが就航しています。フェリーは客船と異なり食事代は含まれませんが，船内には清潔な有料の食堂が設備されており，スケジュールや旅行先が合えば気分の変わった旅が楽しめます。

1・2・3　貨 物 船

　客船が乗客に安全，迅速，快適な船旅を楽しんでもらうことを目的としているのに対し，貨物船は貨物を安全，迅速，低廉なコストで輸送することを目的としています。すなわち，船の大きさが同じであれば，沢山の貨物が積め，荷役が迅速に行え，貨物に損傷を与えない船が優れていることになります。

　このためには，輸送される貨物や航路の状況に合わせて最も効率の良い船を開発するための努力が続けられており，貨物船の種類は年々多様化していく傾向にあります。第1・6表は貨物船の種類を大きく分類したものです。

　また船のサイズの呼び方は様々で，船の種類によって異なる呼び方もあります。パナマックスはパナマ運河を経由できる最大船型との意味から付けられた名称で，その船が通過できる運河や海峡の名前を使った呼び名が多いです。

(1)　一般貨物船

　一般貨物船（General Cargo Ship）という呼び方は，専用船やコンテナ船に対して用いられます。1860年初頭にタンカーが出現する迄は，全ての貨物は一般貨物船（当時はこのような呼び方はしていませんでした）や貨客船で輸送され，石油でさえも樽に入れて穀類，羊毛，雑貨などを輸送するのと同じ船で運ばれていました。

　その後，輸送を効率的に行うためにタンカーを始めとし，鉱石専用船，石炭専用船などの専用船が増加するに従い，これら専用船と従来からある貨物船を区別する必要が生じ，一般貨物船という呼称が生じました。一般貨物船は専用船の発達により，船腹全体に占める割合は年々少なくなっていますが，それで

第1・6表　貨物船の種類

貨　物　船	油　送　船 {	油　送　船
	油／乾貨物兼用船 {	鉱／油兼用船
		炭／油兼用船
		鉱／撒／油兼用船
		撒／油兼用船
	オア・バルクキャリア {	鉱石専用船
		鉱／炭兼用船
		鉱／撒兼用船
		石炭専用船
		ニッケル専用船
		ボーキサイト専用船
		撒積船
		穀物専用船
	木材専用船 {	木材専用船
		パルプ専用船
		チップ専用船
	自動車運搬船 {	自動車／撒兼用船
		自動車専用船
	その他専用船 {	鋼材専用船
		セメント専用船
		コークス専用船
		石灰石専用船
		土砂運搬船
		冷凍・冷蔵運搬船
		スクラップ専用船
	化学薬品船 {	化学薬品船
	液化ガス船 {	L　P　G　船
		L　M　G　船
		L　N　G　船
	フルコンテナ船 {	フルコンテナ船
	貨　物　船 {	一般貨物船
		重量物船
		重量物／貨物運搬船
		多目的船
	そ　の　他 {	はしけ運搬船
		プッシャーバージ

も 2020 年 6 月で日本の 100 総トン以上の鋼船に占める割合は，隻数で 33.1％，重量トン数で 6.0％を占めています。

　一般貨物船には，航路，寄港地，スケジュールの定まっている定期船（Liner）と航路やスケジュールが定まっておらず貨物のあるところに船が赴き積荷をし，荷主の希望する港まで航海し揚荷をする不定期船（Tramp）があります。

　ほとんどのコンテナ船や専用船は荷役装置を持たず，岸壁に備えた荷役機械により積荷，揚荷を行うのに対し，一般貨物船はクレーンやデリックなどの荷役設備を備えています（**写真 1・4・a**）。

　荷役設備を持った船をギヤード・ベッセル（Geared Vessel），荷役設備のない船をギヤレス・ベッセル（Gearless Vessel）といいます。

　写真 1・6・a は，ＩＨＩにおいて同一の設計図で連続建造されている不定期船です。同一の船型を連続建造するので船値を安くすることができます。

　定期船と不定期船では対象とする貨物が異なるため船型も当然異なりますが，最近では定期航路にも不定期航路にも使用できる船型が開発され，ライナーとトランプを組合せてライパーと呼ばれる船も現われています。

　また，重量物，コンテナ，一般雑貨，撒荷などが効率よく積めるように設計された船型も開発されており，このような船は多目的船（Multi Purpose Ship）と呼ばれます（**写真 1・4・b**）。

　定期航路に使用される一般貨物船は，コンテナ船に対し在来型定期貨物船（Conventional Liner）または単に定期貨物船（Liner）と呼ばれます。

　定期船の積荷は，機械類，繊維類，食料品，化学製品，鋼材，穀類などと多種多様にわたっています。また，定期船が 1 航海に寄港する港は 10 港以上にもわたるため，色々な種類の貨物を効率よく揚積する必要があります。このためには多くの船艙と甲板がある方が便利であり，定期貨物船は 5 〜 7 の船艙，2 〜 3 の甲板を備えています（**写真 1・5，第 1・4・a 図**）。

　これに対し，不定期貨物船の船艙数は 3 〜 5，甲板数 1 〜 2 のものがほとんどです（**第 3・7 図参照**）。

　定期船は積荷の種類が多く，貨物の価格も高価であり，貨物を保護するため

写真 1・4・a　芝浦ふ頭で荷役中の一般貨物船

の色々な装置が装備されています。貨物の発汗防止のための艙内の温度，湿度
を監視し，湿度の多いときは乾燥空気を送り，貨物を発汗による損害から保護
する艙内乾燥通風装置（Cargocare System），郵便物，貴重品などを積み込むメ
イル・ルーム（Mail Room）やストロング・ルーム（Strong Room），冷蔵貨物
を積み取る冷蔵艙（Reefer Chamber），液体貨物を積み込むディープ・タンク
（Deep Tank），重量物の荷役のためのヘビー・デリック（Heavy Derrick）など
を備えています。

　写真1・4・bは，極東〜南米航路を就航する在来定期船です。船艙にはブレー
クバルクカーゴ（コンテナに入っていない雑貨）を積載し，甲板上には多数の
コンテナを積載することができ，セミコンテナ船とも呼ばれます。5基のク

レーンを装備しています。

　不定期船の貨物は，木材，鉱石，石炭，穀類，鋼材などの原材料や半製品が多く，価格が安く運賃負担力が少ない上に専用船と競合するような物がほとんどです。このため船型を単純にし，主機の馬力も少なくしているので定期船のように高速では航行できません。一般に船舶の建造は注文生産であり，船主の希望に合せて設計されますが，不定期船では船価を引き下げるため同一の船を大量に建造する方法もとられます。このような建造方法は戦時に広く行われ，アメリカでは第2次大戦中にリバティー型という一般貨物船を 2,580 隻も連続建造しました。

　一般貨物船は，大きさによりケープサイズ，パナマックス，ハンディサイズなどに分類されます。パナマックスを基準としそれより大きい船型をケープサイズ，それより小さい船型をハンディサイズと呼び，主にばら積船の大きさを示すときに用います。一般貨物船とばら積船は同じ大きさの名称を使用することが多いのでここで説明します。

　パナマックスとは，パナマ運河を経由できる最大船型との意味から付けられた名称です。コンテナ船，客船，タンカーなどすべての船舶に対して使用されます。パナマ運河の通航には全長 294.1m，全幅 32.3m，喫水 12m，喫水上高さ 57.9m の制限があり，通航できる最大の大きさの船舶をパナマックスと呼んでいて，一般的には，6 万〜8 万重量トン程度です。パナマ運河拡張工事に

写真 1・4・b 多目的船 「ATLANTIC CHALLENGER」
重量トン 23,713 トン／全長 184.90m ／全幅 27.60m
コンテナ，雑貨，ばら積み貨物など多くの荷姿の貨物を積載することができる。クレーンを装備したギヤード・ベセルである。
　　　　　　　　　　　　　　　　　　　　（商船三井提供）

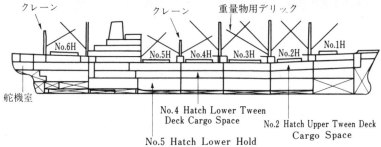

写真1・5，第1・4・a図　在来型定期貨物船　「ぶれーめん丸」
載貨重量　12,551キロトン。最高速力　24.5ノット。6つの船艙が上甲板と2つの中甲板（Tween Deck）により細分されている。クレーン3基，一般雑貨用デリック8組，重量物用30トンデリック1基装備。冷凍冷蔵貨物艙650m³

　より2016年より通航可能な船型は全長366m，全幅49m，喫水15.2mとなりました。この大きさはネオパナマックスと呼ばれ，12万重量トン程度となります。

　ケープサイズとはパナマックスより大きな船型を呼び，ばら積船の中で最も大きな船型で10万〜20万重量トン程度です。主に鉄鉱石や石炭を輸送しますが，その大きさからパナマ運河を通航できないため喜望峰やホーン岬を経由することからケープサイズ（Cape：岬）と名付けられました。

　わが国の製鉄所では，原料の鉄鉱石や石炭の輸送コスト削減のため，大型船が着岸できるよう岸壁の水深を深くし，大型の揚荷装置（Un-loader）を設置しています。しかし石炭の輸出港である，アメリカのバージニア州のハンプトン・ローズの水深が浅く大型船が満載して出港することができないので，10万

トン積載し，大西洋を横断，喜望峰を航過し南アフリカのリチャードベイで5万トンを追い積みした16万重量トン程度のばら積船をケープサイズと呼んだといわれています。一般的にパナマ運河を通航できない10万～20万重量トン程度のばら積船をケープサイズバルカーといいます。

　ハンディサイズとは，パナマックスより小さい船型を呼んでいます。ほとんどの港に入出港できる便利さからこの名称となっています。ハンディサイズで最もよく使われた船型は2万トン前後であり，フリーダム**（写真1・6・a）**が量産型のハンディー・バルカー，一般貨物船として知られていましたが，輸送コスト削減のため，使用される船型も大きくなり，今日では量産型のハンディー・バルカーは6万重量トン弱の大きさになっています**（写真1・6・b）**。ハンディータイプはハンディー・マックス（5万重量トン程度），スモール・ハンディー（1.5万重量トン程度）などに分類されます。また，定期航路に使用される多目的船**（写真1・7）**の往航の貨物はコンテナ，鋼材，機械類などの重いものが増

写真1・6・a　量産型一般貨物船
フリーダム MK-Ⅱ型　重量トン約 15,850 キロトン
同一設計による量産型の一般貨物船。雑貨，鋼材，穀物，石炭などが能率よく積載できる不定期船として設計されている。20 フィートコンテナ 375 個を積載でき，多目的船の一種ともいえる。（IHI 提供）

加していますが，復
航の貨物は穀類など
の撒散貨物が多く不
定期船として使用さ
れることを考慮し2
万トン前後の船型が
一般的になっていま
す。

写真 1・6・b　ハンディー・マックス・バルカー「Crystal Lily」
Future-48 の商品名で IHI が売り出している量産型の一般貨物船。
全長　189.96m ／型幅　32.20m ／型深さ　16.50m ／喫水
11.60m ／重量トン　48,913 トン／総トン数　28,073 トン
船艙は5であるが，比重の大きな鉱石などを第2および第4船
艙を空にしたまま，第1，3，5船艙に積載して満載すること
のできる強度を持つ。
25 トンを吊上げることのできるクレーンを4基装備。
　　　　　　　　　　　　　　　　　　　　　　　　　（IHI 提供）

ハンディー・マッ
クスの運航能率向上
のために，「マルチ
パーパス・オープン
ハッチ・バルクキャ
リアー」**(第1・4・b図)**
などの新しい船型が
出現し，その数が増加しています。また，船舶保険の協会船級約款の改定で，
「2重側壁オープンハッチ・ガントリー・クレーン船」（OHGC 船，**第1・4・c
図**）はコンテナ船，自動車輸送船と同様，定期に運航されていれば，船齢30
歳以下の船舶には老齢船割増料率が不要となりました。

　オープンハッチとは艙口（ハッチ）の開口部の幅が広く，船底のタンクトッ
プの幅と同じで，貨物を引き込むことなく積み込めます。また，船艙は四角（ボ
ックスシェイプ）で貨物を船側から船側まで無駄なスペースが発生することな
く積載でき，移動防止のための固縛（ラッシング）が少なくなります。ガント
リークレーンを装備しており，パルプ，新聞用紙，木材，コンテナなどそれぞ
れの貨物を吊上げるのに適した用具（Cargo Handling Frame）を取り付けて効
率の良い荷役を行います。雨天でも荷役が行えるようガントリークレーンに
は，引き込みのできる屋根が付いています。第1・4・b図では，ロールペーパー
を 14 本吊上げています。

⑵　コンテナ船

　コンテナを専用に積載する船をコンテナ船といい，定期航路に就航する一般貨物船を専用船化したものです。

　コンテナ船は，1956 年に米国のトラック会社シーランド社が，4 隻の中古タンカーの甲板上に 60 個のコンテナを積載するように改造し，米国沿岸輸送を行ったのが始まりです。1957 年には，現在のコンテナ船の基本構造であるセル・ガイド（**第1・5 図**）を持つフルコンテナ船を建造し，北米大西洋岸からプエルトリコ航路のサービスを開始しました。沿岸航路で経験を積んだシーランド社は，

写真1・7　多目的船「あるたい丸」
載貨重量トン数　22,916 キロトン／全長　162.1m／
型幅　26.4m／航海速力　15.95 ノット
150Kt を吊上げるヘビー・デリックを装備し，コンテナ 666 個（20 フィート換算）を積載でき，定期船，不定期船の両方に使用できる。　　　　　　　　（商船三井提供）

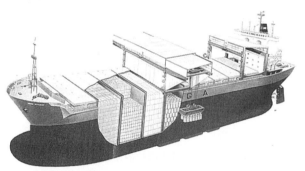

第1・4・b 図　多目的オープンハッチばら積船
全長　199.2m／幅　30.5m／喫水　11.823m／重量トン 47,076 トン／総トン数　29,381 トン／航海速力　15.0 ノット 40LT のガントリークレーンを 2 基装備。オープンハッチ，船艙はボックスシェイプ。雨天での荷役可能な屋根がガントリークレーンに装備されている。甲板積みコンテナ，木材のラッシングが容易なように十分なラッシングポイントを設置してある。　　　　　　　　　　（日本郵船提供）

1966 年 4 月，226 個積み改造フルコンテナ船で北米〜欧州の国際コンテナサー

ビスを始めました。

　わが国では, 1968 年 9
月, 859 個積 (TEU) の
コンテナ船箱根丸がカリ
フォルニア航路に初めて
就航しました。この頃の
在来定期船は 1 航海が約
80 日かかっていました

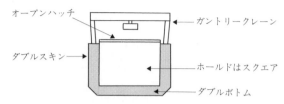

オープンハッチ　　　　　　　　　ガントリークレーン

ダブルスキン　　　　　　　　　ホールドはスクエア

ダブルボトム

第 1・4・c 図　OHGC 船の概念図
ガントリークレーンを装備。ハッチの幅と船艙の
ダブルボトムのタンクトップの幅は同じであ
り, 船艙は四角である。　　　　　（住友海上提供）

が, 箱根丸はこれを約 30 日に短縮しました。

　当時は先進工業諸国が著しい発展を遂げた黄金の 60 年代であり, 労働集約
産業である港湾荷役の料金が高騰し, 先進諸国間を結ぶ定期航路の採算が悪化
して対策に苦慮しているところでした。

　コンテナ輸送により, 海上輸送においても戸口から戸口への輸送が可能とな
り, 定期船の分野においても, 大量輸送, 専用輸送が可能となりました。また,
ユニット化による省力化と輸送コストの大幅な削減がもたらされ, 世界の主要
な定期航路は予想以上の速さでコンテナ化されました。

　船会社の競争は激化し, 大型化, 高速化が進み, 1972 年にはシーランド社は
1968 個積み, 12 万馬力, 33 ノット, 1 日の燃料消費量 640 トンという超高速
コンテナ船 (SL-7) 8 隻を建造し, 太平洋と大西洋に配船しました。1973 年の
第 1 次石油危機により燃料価格が高騰し, 超高速コンテナ船は経済性を失い姿
を消しましたが, SL-7 は米国政府が購入し軍用船となり, 1990 年の湾岸戦争で
は軍需物資の輸送に大活躍をしました。

　1970 年代後半になり世界景気が回復すると共にコンテナ輸送も増加してき
ました。コンテナ船はスケールメリットを追求し, 船型は大型となり, 経済的
な速力で運航するコンテナ船になりました。これ迄の大型コンテナ船は, パナ
マ運河を通過できるよう幅を 32.2 m におさえたパナマックス型が最大でした
が, 欧州・地中海〜北米東岸, 極東〜欧州・地中海航路はパナマ運河を通過し
ないため大型化できること, 極東〜北米東岸の貨物は, 西岸で陸揚し, 大陸横

断鉄道で輸送する国際複合輸送が一般的になり，パナマ経由の極東〜ニューヨーク航路が少なくなったことなどから，幅を 32.2m 以上のオーバーパナマックスまたはポストパナマックスと呼ばれる超大型の船舶が出現しました。コンテナ船は通航する運河や海峡を通過できる最大サイズを名称として使用することが多く，パナマックス，ネオパナマックスに加え，スエズ運河を通過できる最大サイズのスエズ・マックス（全幅 50m，喫水 20.1m，喫水上高さ

第 1・5 図　セル・ガイド
コンテナ船の船艙に設置されているセルガイドの構造。セルガイドに沿ってコンテナが揚積され，航海中のコンテナの移動も防止する。

68m)，マラッカ海峡を通過できる最大サイズのマラッカ・マックス（全長 333m，全幅 60m，喫水 20.5m）等があります。このような大型のコンテナ船は，ハブ港と呼ばれる限定した主要港を結ぶ基幹航路に就航します。コンテナ船の大きさを数値で表す場合，トン数ではなく TEU を使用します。これは 20 フィートコンテナをいくつ積載できるか，という単位のことで詳しい説明は p.31 で述べます。

　極東〜欧州航路には 6,000TEU のコンテナ船（**第 1・7 図**）が就航し，今では 20,000TEU 型のコンテナ船も就航していますが，このようなコンテナ船を受け入れるには，水深 17 〜 18 ｍの岸壁とアウトリーチ 60m 程度のコンテナクレーンが必要になります。基幹航路以外の港（フィーダー港）へ行くコンテナは，ハブ港で小型のコンテナ船に積み替えて輸送するフィーダー・サービス，いわゆるハブ・アンド・スポーク・システムにより輸送されます。したがって，フィーダー・サービスまたは中・短距離の航路には，300 〜 1,000TEU 程度のコンテナ船が多数就航しています。

　コンテナのみを積載する船をフルコンテナ船，一般貨物とコンテナの両方を

積載する船をセミコンテナ船といいますが，前述のように多目的の不定期船で
コンテナを効率よく積載できるよう設計されているものもあります。

　クレーンによりコンテナを揚積するコンテナ船を LOLO（Lift on Lift off の略）
方式のコンテナ船といい**（写真 1・8）**，トレーラーやフォークリフトで荷役する
コンテナ船を RORO（Roll on Roll off の略）船といいます**（写真 1・13）**。本項で
は LOLO 方式のコンテナ船について記し，RORO 船については次項で説明しま
す。

　先進諸国ではコンテナ船の着岸する専用の埠頭が整備されており，岸壁には
クレーンも備わっているので，先進諸国間を航行するコンテナ船はクレーンを
設置しないのが普通ですが，開発途上国の多くはコンテナ埠頭の整備が進んで
いないため，このような国へ就航するコンテナ船はクレーンを備えるか，また
は RORO 方式が採用されています。

　コンテナ船の船艙は，在来定期船のような中甲板がなく，セル・ガイド（Cell
Guide）と呼ばれる枠**（第 1・5 図）**がハッチの上部から船底まで垂直に設置さ
れており，この枠に沿ってコンテナが垂直に積まれます。このような構造をセ

写真 1・8　コンテナ船「MOL TRUTH」
総トン数　210,691 トン／重量トン　189,766 トン／全長　400m／幅　58.5m／深さ　32.9m／
喫水　14.50m／機関出力　50,740kW／航海速力　23.0 ノット／コンテナ積載個数　20,182TEU
（商船三井提供）

ル構造といい，セル構造を持つ船艙をセルラー・ホールド（Cellar Hold, **写真1·9**）といいます。セル・ガイドは航海中の貨物の移動を防止する役目もありコンテナとの間隙が小さいため，クレーンでコンテナをセル・ガイドの間に入れるのを容易にするよう口を広げたエントリー・ガイド（Entry Guide）が設けられています。

　コンテナ船は在来定期船以上に高速であり，船体の水線下は流線型です。このため大型の直方体であるコンテナを積載するとスペースのロスが大きくなります。また，コンテナは艙口の直下にしか積載できないので船側との間や艙口と艙口の間にも無駄な空間が生じます。さらに，コンテナの内部も貨物で一杯にすることはできず無駄な空積（Broken Space）が発生します。このような理由により，在来定期船に比較すると艙内に積み込める貨物の量は少ないため，

甲板上にもコンテナを積むのが常態となっています。

　甲板上はセル構造ではなく，ポジショニング・コーン（Positioning Corn）と呼ばれる，甲板上に固定された突起物にコンテナをはめ込みます。2段目のコンテナは，1段目のコンテナの四隅にバーティカル・スタッカー（Vertical Stacker）と呼ばれる金具を置き，この金具にコンテナをはめ込みます。このようにして甲板上に最高5段ぐらい

写真1·9　セルラー・ホールド
船艙（ホールド）にセルガイドを設けたセルラー・ホールド。コンテナを荷役中であり，コンテナを吊っているのは陸上ガントリー・クレーンのスプレッダーである。

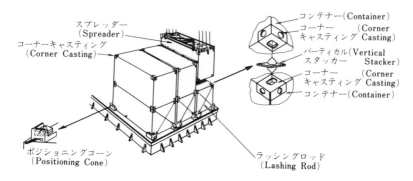

第1·6図　コンテナの甲板上の固縛方法
甲板上1段目はポジショニング，2段目，3段目はバーティカル・スタッカーをコンテナ四隅のコーナー・キャスティングにはめ込み，さらにラッシング・ロッドにより下方に引付けて移動を防止する。

までコンテナを積み上げ，ワイヤーや金属のロッドで固縛（Lashing）します（**第1·6図**）。

　しかし，甲板上のコンテナ固縛の労力を省略するため，甲板上にセルガイドを設置したコンテナ船も出現していて，この場合は10段程度積み上げます。

　コンテナを積み上げたときの強度はコーナー・ポスト（Corner Post）という四隅に設けられた4本の柱で保たれています。欧州航路のコンテナ船は艙内にコンテナを9〜12段も積みますが，荷重はコーナー・ポストで支えられています。コーナー・ポストの上下端にはコーナー・キャスティング（Corner Casting）という金具が付いており，第1·6図のように3つの穴があります。上下の穴がバーティカル・スタッカーの入る穴で，トレーラーや鉄道で輸送するときもこの穴で固定します。側面の穴はラッシングをするための穴です。

　コンテナ船の側面の空積は，多くの場合，縦通隔壁で仕切られ，燃料タンクやバラスト・タンクに利用されています。コンテナは垂直にしか積み込めないので，艙口は広くなければなりません。開口部が大きくなると強度が減少するので1つの船艙に設ける艙口は左右2〜3列，前後に2列に分割して4〜6個の艙口を設けることにより強度を保つとともに荷役もやり易くしています。

　わが国の船会社の使用しているコンテナの大きさは，ISO（国際標準化機関）

の規格に従った幅8フィート，高さは8.5フィートまたは9.5フィート，長さ20または40フィートのコンテナを使用していますが，外国の船会社には長さ24あるいは35フィートのコンテナを使用しているものもあります。20フィートのコンテナを20フーター（Footer），40フィートのコンテナを40フーターといいます。コンテナ船にコンテナが何個積載できるかを表わすのに40フーターは20フーター2個分として20フーターに換算するTEU（Twenty Footer Equivalent Unit，20フィート型コンテナ換算個数）という略号を用いて表示します。例えば，「欧州航路のコンテナ船春日丸の積載能力は2,450TEUである」というように表わします。

セルラー・ホールドでは，20フーターと40フーターの積載場所は分かれていますが，甲板上に積載する場合は，20フーター2本を縦に並べる代わりに40フーター1本を置くことが

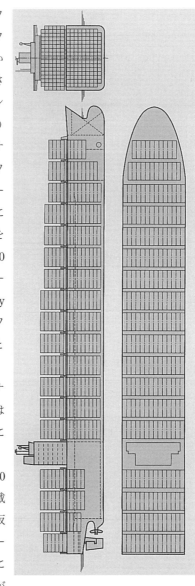

第1・7図 6,690TEU型コンテナ船「P&O NEDLLOYD SOUTHAMPTON」

全長　299.90m／型幅　42.80m／型深　24.4m／喫水　14.0m／総トン数　80,942トン／重量トン数　88,669トン／主機　NOR 59,290kW／航海速力　24.5トン／燃料消費量　252.2トン／日　コンテナ積載個数　船内：3,406TEU／甲板上：3,284TEU／合計：6,690TEU／船内：9段／甲板上：6段，14列

でき，どちらでも積載が可能です。

　コンテナ船の船艙は，在来定期船に比べると，コンテナを積載するためのセルラー・ホールドがあるだけで，特別なものは何も付いていません。このような船で各種の貨物を輸送するためには，コンテナに工夫が凝らされています。一般貨物を積むドライ・コンテナ（Dry Container），冷凍貨物を積む冷凍コンテナ（Reefer Container），液体貨物を積むタンク・コンテナ（Tank Container），飼料や穀類を撒積するバルク・コンテナ（Bulk Container），鋼材，大型機械などを積むフラット・ラック・コンテナ（Flat Rack Container）など多くの種類のコンテナが用いられています（**写真 1・10**）。

　また，コンテナに入らない大きな貨物は，フラット・ラック・コンテナを横に数本並べ広いスペースを作り貨物を積載します。写真 1・11 は 40 フーターを 3 本並べてヘリコプターを積載したところです。なお，最近のコンテナ船

写真 1・10　各種のコンテナ
上は液体貨物を積むタンク・コンテナ，中は穀類，飼料などを撒積するバルク・コンテナ，傾けて貨物を出す。下はフラット・ラック・コンテナ（40 フーター）にブルドーザーを 3 台積載したところ。

の大型化については，第6章
で述べます。

(3) ロール・オン・ロール・
オフ船

　ロール・オン・ロール・オ
フ（Roll on Roll off）というの
は，岸壁と船の間をランプ・
ウェー（Ramp Way）と呼ば
れる橋で結び，コンテナ，機
械などの貨物をトレーラー
やフォークリフトで荷役す
る船です（**写真 1・12, 1・13**）。
　しかし，RORO 船は全ての
荷役を RORO 方式で行うと
は限らず，甲板上に積載する

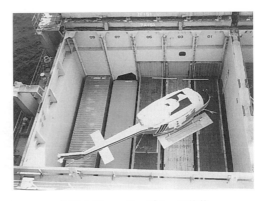

写真 1・11　ヘリコプターの積載
コンテナに入らないヘリコプターは，40 フィー
トのフラットラックコンテナを3本並べて広い
空間を作り積載したところ。尾部は持ち上がっ
ているのでフラットラックの必要はない。機体
が弱いので，脚部をワイヤーで固定している。
大型コンテナ船では，このようにして 40 フィー
ト× 40 フィートの空間ができる。

コンテナは，LOLO 方式で行うのが普通です（**第 1・8 図**）。なかには，甲板上を
セルラー構造としている RORO 船もあります。
　また，フェリーや自動車専用船も RORO 方式の荷役を行いますが，これらの
船は RORO 船とは呼ばれず，雑貨，コンテナ，重量物，自動車など色々な種類
の貨物を一度に輸送する船を RORO 船といいます。
　コンテナ船と共に，RORO 船は全盛時代を迎えており，ヨーロッパ，アメリ
カ，中近東，アフリカ北部では多数の RORO 船が定期航路に就航しています。
RORO 船は，荷役のために船尾にランプ・ウェーを備えていますが，岸壁にラ
ンプ・ウェーが設備されている特定の航路を就航する場合，ランプ・ウェーを
保有しないこともあります。
　大型の RORO 船は，ランプ・ウェーを右舷船尾に設けており，これをクォー
ター・ランプ・ウェーといいます。このような船では，着岸は必ず右舷付けと
なります。ランプ・ウェーの大きなものは，40 フーターのコンテナを積んだト

レーラーと一般雑貨
を運ぶフォークリフ
トが行き合えるよ
う，幅は船尾で
25m，岸壁端で 12m
あり，最大荷役荷重
1,000 トン，自重 350
～ 400 トンもありま
す（**写真 1・13**）。

　船体構造の特徴
は，艙内をトレー
ラー，フォークリフ
トなどが走りまわれ
るように艙内に横隔
壁をできるだけ設け
ないようにしている
ことです。このよう
な構造だと船側に破
孔が生じると船全体
が浸水して危険なた
め，船側にバラス
ト・タンクなどを設

写真 1・12　RORO 船「つるが（Tsuruga）」
全長　179.9m ／全幅　27m ／総トン数　11,193 トン／積載
能力　160 台(13m 換算)／航海速力　23 ノット／主機出力
14,940kW　　　　　　　　　　　　　　　　（近海郵船提供）

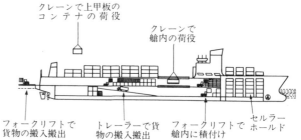

第 1・8 図　RORO 船の荷役
船尾よりフォークリフトやトレーラーで艙内に一般雑貨，コ
ンテナ，重量物などを積込む。セルラー・ホールドや上甲板
上のコンテナは本船または陸上クレーンで荷役を行う。

けた二重船殻（Double Hull）構造として安全性を高めているものもあります。
　また，船尾より車が入り機関室の上部の船艙を通り前方へ進むため背の低い
中速ディーゼルを用いるのが一般的です。

⑷　**バージ・キャリアー**

　貨物を積載したバージ（Barge，艀）を何隻も積載する船舶をバージ・キャリ
アー（Barge Carrier）といいます。わが国ではラッシュ（LASH, Lighter Aboard

Ship）がバージ・キャリアーの代名詞のように用いられていますが，バージの積載方法によりシー・ビー（Sea Bee），バカット（Bacat），フラッシュ（Flash）など各種のバージ・キャリアーが開発されています。

写真 1・13 大型 RORO 船の荷役（近海郵船提供）

欧米では，河川，運河を利用した艀による輸送が発達しており，艀を何隻もつなぎ合せて押船（プッシャー，Pusher）で押すバージ・ライン（Barge Line）と呼ばれる輸送方法が広く用いられています。このような背景がありバージ・キャリアーが登場してきましたが，その特徴は次のようなものです。

① 岸壁に係留する必要がなく，港の適当な場所に錨泊してバージの積み卸しができる。

② 荷役のため陸上に特別の施設を必要としないので，港湾整備の遅れている国への就航に適している。

③ コンテナに比べて大型，長尺の貨物を積み込める。

④ コンテナが荷役の前後に陸上輸送されるのに対し，水運の発達している地域では大量の貨物を積んだバージをタグボートで輸送することができる。

⑤ アメリカ東岸，ヨーロッパなど河川や運河を利用した輸送の発達している地方ではバージ輸送の伝統があり，受け入れられ易い。

ラッシュは，本船の船艙に合せて建造された，長さ 18.7m，幅 9.5m，高さ 4.3m，満載重量 460 トンのバージを本船備え付けのガントリー・クレーン（門型のクレーン）により船尾で揚積します。ガントリー・クレーンは前後に移動

し所定の位置に積み込みますが，艙内はコンテナ船と同じようにセル構造になっています（**第 1・9 図**）。

　シー・ビーは，ラッシュのバージよりも大きい 850 トンの貨物を積載できるバージを用います。また，積み卸しにはクレーンでなく 2,000 トンの能力のある強力なエレベーターにより一度に 2 隻のバージを持ち上げ，ローラーにより甲板の所定の場所に引き込む方法が用いられています。したがって，艙内はセル構造にはなっていません。

　また，バージ・ラインの系統に属しますが，わが国で開発されたバージ・インテグレーター・システムというものがあります。これは，石油製品を撒積する 65m³ のタンクを持つバージ 24 隻と作業船（Work Boat）1 隻を 1 団としてプッシャーにより輸送するシステムです。

　プッシャーによる艀輸送は大洋航海でも盛んに行われ，数万トンの大型艀も出現しています。押船と艀の両方を合わせてプッシャー・バージと呼びます。

(5)　重 量 物 船

　重量物船は，プラント類，大型車両，大型建設機械，列車，タグボート，漁船などの重量物を積載する船舶です（**写真 1・15**）。

　重量物の荷役方法は，ヘビー・デリックによる LOLO 方式（**第 1・10 図**），トレーラー，台車などによる RORO 方式，漁船やリグを浮べておき，船体を沈めてその上に引き入れて浮上し積み込む FOFO 方式（**写真 1・16**）があります。

　最近，プラント輸出は，輸出国である程度組立てを行ったモジュールとして船積されるケースが増加してきました。この，モジュールを輸

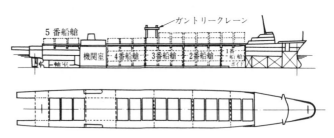

第 1・9 図　載貨重量 43,000 トンのラッシュ船
全長 262.0m／型幅　32.5m／重量トン　43,000 トン／長さ　18.7m
／幅　9.5m／深さ　4.3m／載貨重量 370 トンの艀 73 隻を積載。

Work Boat

写真1・14 バージ・インテグレーター・システム
長さ 8.6m／幅 5.4m／深さ 2.0m, 容積 65m³の油輸送用艀を24隻とこれを輸
送するワークボート1隻を1組にまとめて押船（Pusher）により輸送する。

　送するための船をモジュール船と呼んでいます。モジュールの荷役はドーリー
（Dolly，台車）による RORO 方式で行われます。写真1・16は FOFO 方式の重
量物船ですが，モジュールを RORO 方式で荷役することもできます。

　重量が1万トンを超える巨大な構造物をクレーンで吊上げて荷役することは
できないため，このような重量物は RORO か FOFO でしか荷役をすることがで
きません。この方式の輸送では，オランダが優れた技術と船舶を保有していま
す。

　わが国の重量物船のほとんどは，ヘビー・デリックを備えた LOLO 方式の船
ですが，この方式の重量物船の特徴は次の通りです。なお，重量物船は，重量
物だけでなく，雑貨やばら積貨物も積載します。

1）長大なハッチ

　重量物だけでなく，長尺物，嵩高物も積み取れるような長大なハッチ（Long
Hatch）を備えています。在来型一般貨物船のハッチが20m前後であるのに対
し，重量物船では30〜40mのロング・ハッチを隣接して設け，その間にヘビー・
デリックを装備しています**（第1・10図）**。このため，ホールドの数は一般貨物船
よりも少なく，2〜3が普通ですが，最近の重量物船では1ホールドとした
り，ボックス・シェイプ，セミオープン・ハッチとしてコンテナ，プラント，

パルプ，製材，合板
などの荷役を効率よ
く行えるようになっ
ています。

2）ヒーリング・タ
ンク

　ヘビー・デリック
で重量物を吊上げる
と船体が傾斜するの
で，これを調整する
ためのヒーリング・
タ ン ク（Heeling
Tank）が両舷に設け
られています。左右
のタンクの水の移送
により傾斜を調整し
ますが，遠隔操作が
できるようになって
います。

3）ヘビー・デリッ
ク

　太いヘビー・デリ
ックは，重量物船で
あることが一見して
分かる最大の特徴で
す。色々な方式のも
のがありますが最も

写真 1・15　重量物船「あとらす丸」
全長 161.0m ／型幅　25.4m ／総トン数　15,118 トン／重量
トン数　20,435 キロトン
600 トンの能力の川重旋回方式のヘビー・デリックを装備。
甲板に交通艇７隻，作業船等３隻を積載。　（商船三井提供）

一般的なものは西ドイツで開発されたスタルケン（Stülken）方式です。これは，

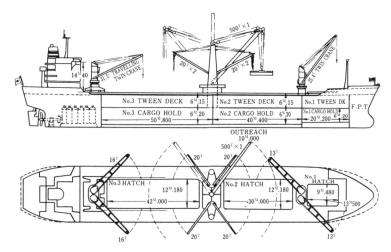

第1・10図 重量物船「若菊丸」
全長 162.5m／幅 25.2m／重量
トン 24,267 キロトン／航海速力
15.88 ノット／スタルケン方式ヘ
ビーデリック装備

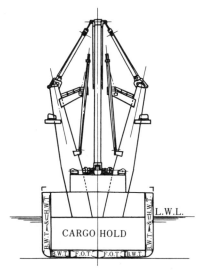

両舷に先細りの太いデリック・ポストを
配置し，この間にデリック・ブームを設
けています（第1・10図，写真1・7）。わ
が国で開発されたヘビー・デリックの1
つに川重旋回方式があります。これは，
船首尾線上に太いタワー・マストを設
け，このマストにヘビー・デリックを設
置する方式です。ヘビー・デリックはタ
ワー・マストと一緒に 360 度回転します
（写真1・15）。

4）船 体 強 度

　重い貨物を積み取るので甲板上に局部荷重がかかるため甲板の強度を強くし
てあります。また，嵩高物を積載するために艙内のピラー（柱）を省略して広

くしています。このため
には強力なウェブ・フ
レーム（Web Frame）に
よる片持梁型式が採用さ
れています。なお，艙内
に入らない大きな貨物は
上甲板上に積載します
が，船の幅よりも長いも
のもあり，ブルワーク
（Bulwark）とハッチを閉
鎖するポンツーン

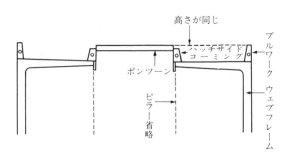

第1・11図　重量物船の構造
ウェブ・フレームによる片持梁構造。ブルワークと
ハッチサイドコーミングは強固な構造で，ポンツー
ンとブルワークは同一の高さとし長大物を甲板積し
やすくしている。

（Pontoon）を同一の高さにして積載を容易にしています**（第1・11図）**。

　写真1・16は，FOFO（Float on Float off）方式の荷役を行う重量物船です。貨物
を積載しているメイン・デッキの下は16区画に仕切られたバラスト・タンク
になっています。バラストを漲水するとメイン・デッキは水面下6 mまで沈む
ので，貨物を積んだ艀，漁船，タグボートのように水面に浮ぶ重量物貨物を引
き入れておき，バラストを排水して船体を浮上させ重量物貨物を積み込みま
す。もちろん，浮上したままトレーラーやフォークリフト等によるRORO方式
の荷役も可能です。このような船型をオープン・デッキ船といいます。

(6)　原油タンカー

　船艙がタンクになっている船舶をタンカーといいますが，積載する貨物の種
類により，原油タンカー（Crude Oil Tanker），プロダクト・タンカー／クリー
ン・タンカー（Product Tanker ／ Clean Tanker），ケミカル・タンカー（Chemical
Tanker）などに分類されます。

　2019年の統計では，世界の海上荷動き量119億トンのうち乾貨物は80億トン
（67.4％），原油を大宗とするタンカー・カーゴは39億トン（32.4％）であり，
世界の船腹に占める液体貨物船の割合は総トン数で31.7％です。

　1950年代から，大量輸送による輸送コスト削減のため，スケールメリットを

追求し，タンカーは年々大型化され，1976年には55万重量トンの原油タンカーが出現しました。しかし，第1次石油危機（1973年）以降，メジャーによる大量安定輸送から，短中期の小口輸送が増加し，原油タンカーの大型化時代は終わりました。

写真1・16 FOFO方式重量物船「Mighty Servant 1」
全長 190.0m／幅 50.0m／喫水 （航海時）:9.34m;（没水時）:26.0m／総トン数 29,193トン／載貨重量トン 45,402トン／航海速力 14.0ノット／甲板面積 50m×150m
タンクにバラストを注水し，船体を25m（船体12mと甲板上13m）没水させて重量32,767トン，長さ112m，幅77mのリグを船の上に引いてきて，バラストを排出して積載。
（DOCK WISE 提供）

今日，中東からわが国に原油を輸送しているのは20万〜30万重量トン級のVLCCと呼ばれる原油タンカーですが，このような大型のタンカーの入港できる港は世界でもそう多くはなく，小型のタンカーも多数就航しています。タンカーは大きさにより次のように分類されます。

① ULCC:Ultra Large Crude oil Carrier，30万重量トン程度以上
② VLCC:Very Large Crude oil Carrier，20万〜30万重量トン程度
③ スエズ・マックス：Suez Max，15万重量トン程度
④ アフラ・マックス：AFRA Max，8万〜12万重量トン程度
⑤ パナマックス：Panama Max，5万〜8万重量トン程度

②のVLCCは中東から日本への原油輸送の主力になっています（**写真1・17**）。途中のマラッカ海峡の水深が浅く，通過できる最大喫水は21mなので，マラッカ海峡を通過できる最大サイズの原油タンカーをVLCCと呼ぶことが多いで

す。それより大きな原油タンカーは ULCC と呼ばれ，マラッカ海峡を通峡でき
ないためロンボック海峡を迂回します。

　③はスエズ運河を満船して通過できる最大船型の船舶で，スエズ運河が拡大
されるに従いこの船型は大きくなっています。現在スエズ・マックスといわれ
ているタンカーはおおよそ15万〜16万重量トン程度で，通過できる最大喫水
は20.1m です。通過できる最大喫水は20.1m ですが，運河に架かるスエズ運河
橋の高さが70m であり，喫水の上部は68m に制限されています。

　太平洋と大西洋を結ぶパナマ運河は閘門式で，大西洋から太平洋へ向かう場
合3段の閘門により，海面より25m 高い水位のガトゥン湖へ巨大な船体と積荷
を押し上げます。ガトゥン湖と水路を航行し太平洋岸のパナマ市近くの1段の
ペドロミゲル閘門と2段のミラフローレス閘門で太平洋の海面まで船を下げて
全長80km のパナマ運河の通航は終わります。待ち時間を入れてほぼ一昼夜で
通過します（**写真1·3·b**）。

写真1·17　VLCC「Atlantic Prosperity」
重量トン数　311,689キロトン／全長　329.71m／幅　58.00m／喫水　31.80m／貨物槽容
積　350,000m³
船体が2重構造の最新鋭原油タンカーである。　　　　　　　　　　（商船三井提供）

　パナマ運河を満載状態で航行できる最大船型をパナマックスといい，全長294m，最大幅 32.2m，喫水 12m 以下に制限されていました。

　近年は船型の大型化と運河通航船舶の増大のため，運河通航量は処理能力の限界に近い年間 3.4 億トンに達していました。このため運河の拡張工事（2つの大型閘門と接続水路の新設，既存航路の浚渫と拡幅）が行われ，2016 年の拡張工事以降，全長 366m，最大幅 49m，喫水 15m の船舶が通航でき，年間6億トンと現在の2倍の処理能力になりました。さらに，Q フレックス LNG 船にも対応できるよう最大幅を約 51m まで広げる予定です。

　④のアフラ・マックスはちょっと複雑です。AFRA というのはロンドンのブローカーが月単位で船型ごとにタンカーのレートを計算している Arerage Freight Rate Assesment の頭文字をとったものです。船型は，

a)	16,500 ～ 24,999 重量トン	General Purpose
b)	25,000 ～ 44,599 重量トン	Medeum Range
c)	45,000 ～ 79,999 重量トン	Large Range 1
d)	80,000 ～ 159,999 重量トン	Large Range 2
e)	160,000 ～ 319,999 重量トン	VLCC
f)	320,000 ～ 549,999 重量トン	ULCC

の6段階に分かれています。それぞれの船型区分で最大船型がありますが，アフラ・マックスというときは3番目の Large Range 1 の区分の最大船型を指します。VLCC の喫水は 20m を超えるため，満載状態では水深の深い港にしか入港できません。特に，アメリカ東岸の港は水深が浅く，Large Range 1 のタンカーが有利であったため，この区分の最大船型，79,999 重量トン程度のタンカーをアフラ・マックスと呼びました。しかし，経済性を追求し，8 万重量トンと同じようなサイズでも 10 万重量トンのタンカーが建造されるようになり，最近では，10 万重量トン程度タンカーをアフラ・マックスと呼んでいます。アメリカ東岸や欧州の河川港への輸送に活躍している船型です。

　また，ナフサなどの石油製品は輸送単位が原油のように大きくないため，プロダクト・タンカーの大きさを表現する場合に MR 型，LR － I 型，LR － II 型

などがよく使用されます。MR型は4万トン以下で通常3万〜4万重量トン，
LR−I型は5万〜6万重量トン，LR−II型は8万〜10万重量トンの船型をい
います。上述のアフラ船型とは一致しません。

　原油タンカーは，輸送する貨物が原油という引火性の液体危険物であり，構
造的にも次のような種々の特徴があります。

1）原油タンカーの配置

　安全性と経済性の両方から，タンカーの船橋および居住区は，他の専用船と
同じように船尾に設けられています。船橋から前は原油タンク，バラスト・タ
ンク，ポンプ・ルームなどが配置されています。第1・12図は24万トン型タン
カーの配置を示したものです。

　海上人命安全条約では，安全性確保のため，機関室は貨物およびスロップ・
タンクの後方に配置すること，機関室をコファダム（Cofferdam，何にも使用し
ない空間），ポンプ・ルームまたは燃料油によりカーゴ・タンクから隔離する
ことを定めていますが，この図も条約の要求にかなっています。

　Pは Port（左舷），Sは Starboard（右舷），Cは Center（中央）の略で，2枚
の縦通隔壁により縦に3列に分かれています。それぞれ前より順番に
1，2，3，…と番号が付されています。左右のタンクをウイング・タンク，
中央のタンクをセンター・タンクと呼びます。FPT（Fore Peak Tank），APT
（After Peak Tank），3P，3Sは空になっていますが，これは喫水を深くするた
め海水を漲水する分離バラスト・タンク（Segrigate Ballast Tank, SBT）です。

　縦通隔壁は船幅を3分割することにより原油の自由表面の2次モーメントを
小さくし，油の移動に起因する転覆を防ぐ役割も果しています。

　揚荷が終了した後の空船航海では，喫水が浅いため荒天に遭遇すると波が船
底をたたいたり，プロペラが水面上に出て空転することにより航行が困難にな
ります。このため，十分な容積の分離バラスト・タンクを備え，通常の荒天で
はカーゴ・タンクに海水を漲らなくて済むようにすることが国際条約で定めら
れています。

　タンカーの構造は他の船と異なり，船底が一枚の鋼板の単底構造（Single

Bottom）でした。しかし，タンカーの乗揚，衝突などの海難に起因する深刻な
海洋汚染事故は後を断ちません。このため 1993 年 7 月 6 日以降に建造契約の
結ばれた載貨重量 600 トン以上の油タンカーには，分離バラスト・タンクを貨
物タンク区域内に設置する場合には，乗揚げまたは衝突の場合の油の流出を防
止するように配置することが MARPOL 条約により定められました。

　第 1・13 図は従来の単底構造のタンカーと分離バラスト・タンクにより船体
を二重構造にしたダブル・ハル（Double Hull）タンカーの比較です。

２）パイプ・ライン

　タンカーの積荷は陸上のポンプにより船のタンクに流し込まれますが，揚荷
には船のポンプを用います。

　パイプ・ラインは，２〜３種類の異なる種類の原油が混ざらないように積み
分けられる設計となっています。

　揚荷は大容量のメイン・ポンプに接続するメイン・ラインと，残油を浚える
ためのストリップ・ポンプに接続するストリップ・ラインの２系統からなり，
積荷はメイン・ラインを通じて行われます。

　バラスト・タンクには独立したバラスト・ラインが配置されており，バラス
ト水と油が混ざらないようになっています。

３）ポンプおよびポンプ・ルーム

　ポンプ・ルームは揚荷に使用するメイン・ポンプ，浚えに使用するストリッ
プ・ポンプ，エダクター，バラスト漲排水に使用するバラスト・ポンプおよび
パイプ・ラインを切替えるための各種のバルブなどが設置されています。

　揚荷に使用するメイン・ポンプは蒸気タービンにより駆動され，毎分 1,000
回転以上するうず巻きポンプ（Centrifugal Pump）が用いられます。VLCC では
1 時間に 4,000〜6,000m³ の能力のメイン・ポンプが 3〜4 台設置されていま
す。うず巻きポンプは油面が低下すると使用できない特性を持っているため，
浚えは蒸気駆動の往復動ポンプ（Washington Pump）で行います。VLCC では 1
時間に約 300m³ の往復動ポンプを 3 台ぐらい備えていますが，最近は浚えに，
貨物の原油を高速で噴射するエダクター（ジェット・ポンプ）が使用されてお

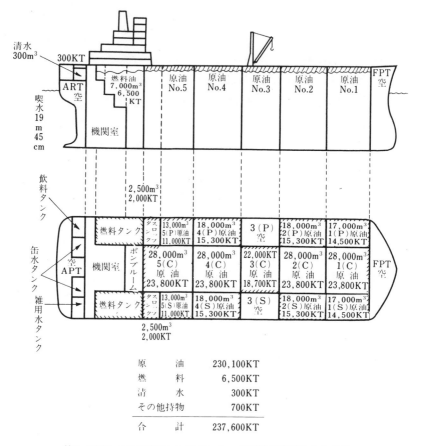

第1・12図　24万重量トン型タンカーが原油を満載したところ

り，このような船では往復動のストリップ・ポンプは1台しか持っていません。

　バラスト・ポンプにもうず巻きポンプが用いられ，バラストの浚えにはエダ
クターが使用されています。

4）カーゴ・コントロール・ルーム

　航海中の船舶の中枢が船橋であるように，タンカーの荷役中はカーゴ・コン
トロール・ルームが荷役作業を掌握し，指令を発し，機器を操作する重要な場

平　面　図

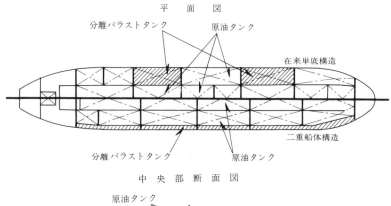

中　央　部　断　面　図

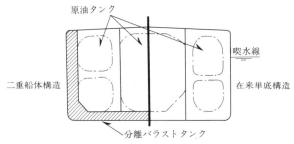

第1・13図

平面図の下半分，中央部断面図の左半分は分離バラストタンクにより船体を二重構
造にした二重船体構造のタンカー，平面図上部，中央断面図の右は従来の単底構造
のタンカー

所になります。ここでは，各タンクの油量を示す液面計，ポンプの作動状況，
各バルブの開閉状況，各種の警報装置が表示され，当直者はこれを監視し，ポ
ンプやバルブのリモートコントロールを行います。**(写真1・18)**。

5）イナート・ガス装置

　タンカーの爆発を防止するため，タンク内の酸素濃度を低下させる装置でボ
イラーの排ガスを使用しています。ボイラーが完全燃焼しているときは排ガス
の酸素濃度は2〜3％です。この排ガスをイナート・ガス（不活性ガス）とし
てタンク内に入れれば，発火源があっても爆発は起こりません。

写真 1・18　カーゴ・コントロール・ルーム内のグラフィック・パネル
（左：外航 VLCC，右：内航タンカー）

カーゴ・ラインのパイプの状況，タンクの油量，ポンプの運転状況，船の喫水など荷役に関する情報がこの部屋で監視・操作できる。

この装置は，排気ガスの冷却装置，すすおよび硫黄燃焼物を除去する装置（スクラバー），湿気を除去する装置（デミスター），ガスをタンクへ送る送風機，タンク内から石油ガスが機関室へ逆流することを防止する装置などからできています。

6）タンク洗滌装置

修理や検査のため造船所へ入る前にはタンク内の油分を除去して石油ガスの存在しないガスフリー（Gas Free）にする必要があります。また，空船航海にはバラストを漲水しますが，国際条約で厳しい規制が行われる以前に建造されたタンカーでは，通常の空船航海でも専用バラスト・タンク（Segrigate Ballast Tank, SBT）だけではバラスト量が不十分であり，原油を積載したタンクを洗滌し，バラストを漲水します。バラストに油分が含まれないので港内でも排出ができ，クリーン・バラストと呼ばれます。これに対し，荷役終了後すぐに油で汚れたタンクに漲水するバラストは油分を多く含んでいるのでダーティー・バラストと呼ばれます。

タンクの洗滌は，海水をメイン・ポンプで高圧とし，ヒーターで 80 〜 90℃に加熱し，大型のスプリンクラーである洗滌機（Butterworth Machine）に導き，高温，高圧の海水として噴射し洗滌します。タンクの洗滌をタンク・クリーニ

ングまたはバタワースといいます。

　揚荷中にメイン・ポンプからの高圧の原油をバタワース・マシンから噴射し，原油に含まれているガソリンや軽油の働きでタンクを洗滌する方法があり，これを原油洗滌（Crude Oil Washing, COW, カウ）といいます。COW を実施すると揚荷後のタンク内の残油が少なくなり資源の有効利用に効果がある上に，その後実施する海水でのタンク洗滌で発生する油や油濁水（スロップという）が少なくなるので海洋汚染の防止に役立つばかりでなく，タンク・クリーニングに要する時間も短縮されます。VLCC が入渠前に要する日数は 7 〜 8 日ですが，COW を行うとこれが 3 〜 4 日ですみます。

　海洋環境保全のため次々と新しい規則が追加されており，原油洗滌装置のあるタンカーでは，バラスト航海に先立ち，天候状態を考慮し，貨物タンクにバラスト水を積載するような状況が予想される場合は，原油洗滌の行われたタンクにのみバラスト水を積載するため，十分な貨物タンクについて原油洗滌を行うことが規定されています。

7）スロップ・タンク

　ダーティー・バラストの上部の油や油濁水あるいはタンク洗滌に使用した油濁水はそのまま海洋に投棄できないので，スロップ・タンクに移します。ここで時間をかけて重力により油と海水に分離させ，海水は海洋に排出し，油と油濁水は船に残します。スロップ・タンクは油と水の分離をよくするよう縦に細長いタンクが使用されます。スロップ・タンクに残ったスロップの上には次の貨物である原油が積み込まれます。このような方式をロード・オン・トップ（Load on Top），または ROB（Retention Oil on Board）といいます。

（7）　液化ガス専用船

　大量に海上輸送されるガスには，天然ガス，プロパン，ブタン，塩素，エチレンなど多くの種類があります。気体はそのままでは体積が大きく，輸送の効率が悪いので，加圧，冷却またはその両方により液化して撒積輸送されます。

1）LNG 船（LNG Tanker）

　天然ガスを液化して輸送する船舶を LNG（Liquefied Natural Gas）船といいま

す(**写真 1・19・a, b**)。天
然ガスの主成分はメタ
ンであり，－ 161.5℃
に冷却しなければ液化
しません。このような
超低温の LNG を輸送
するためには，低温に
より脆性破壊を起こさ
ない材質の選択，船体
を低温から保護するた
めの方策，気化したガ
ス（ボイル・オフ・ガ
ス）の処理，火災に対
する対策などを考慮し
なければならず，非常
に高度な技術が要求さ
れます。

写真 1・19・a　モス方式の LNG 船

写真 1・19・b　SPB 方式 LNG 船ポーラー・イーグル号
（IHI 提供）

　LNG の性状は産地
により異なりますが，比重は 0.5 以下で，原油の約 0.85 に比べ軽い物質です。
また，タンク内に熱が侵入することを防止するための防熱材，LNG の漏洩に対
する防壁などのため，原油タンカーに比較すると載貨重量の割に船型が大きく
なります。タンクの容積 125,000m³，載貨重量 7 万トンのモス型球型タンク方
式の LNG 船の全長は 293m で 15 万トン原油タンカーに相当し，幅は 41.6m で 13
万トン原油タンカーと同じですが喫水は 10.9m と 5 万トン原油タンカーと同じ
程度しかなく，水線上の部分が非常に大きくなっています。

　LNG 船のタンクは各種の構造が開発され，実用化されています（**第 1・14 図**）。
これを大別すると

　ⓐ　LNG の荷重をタンク自身で支持する独立支持方式

ⓑ　LNGの荷重を断熱材を介して船体の内殻で支持する非独立方式（メンブレンと呼ばれる）

の2種類があります。独立支持方式のタンクには，角型，球型，円筒型などのタンクがあります。

　メンブレン（細胞膜，薄い膜という意味）方式にはガストランスポート方式とテクニガス方式の2種類があります。

　テクニガス方式は厚さ1～2 mmの薄い膜，しわを付けたステンレスでタンクを構成しています。ガストランスポート方式はインバーと呼ばれる36％ニッケル鋼で線膨張係数の極めて小さい特殊材料を使用しているので，熱伸縮対策としてしわをつける必要はありません。

①ガストランスポート方式：独立円筒型

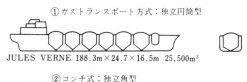

JULES VERNE 188.3m×24.7×16.5m 25,500m³

②コンチ式：独立角型

METHANE PRINCES 175.5m×24.8m×17.8m 26,000m³

③エッソ＋コンチ方式：独立角型

ESSO LNG TANKERS 199.0m×29.2m×18.5m 40,000m³

④Moss方式：独立球型

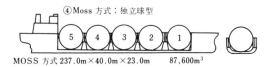

MOSS 方式 237.0m×40.0m×23.0m　　87,600m³

⑤テクニガス方式：独立球型

EUCLIDES 96.2m×17.4m×9.4m　4,000m³

⑥ガストランスポート方式：メンブレン型

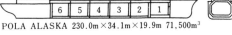

POLA ALASKA 230.0m×34.1m×19.9m 71,500m³

⑦テクニガス方式：メンブレン型

SHELL BURINEI 232.0m×35.0m×20.7m 75,000m³

第1・14図　LNGタンカー各方式の概念図
（燃料便覧より）
船の図面の下は，船名と長さ，幅，深さ，タンクの容積を表わす。

　メンブレンはLNGが漏洩しないことだけを目的としており，これだけでは中のLNGを支える強度はなく，LNGの重量は防熱材を介して船体にかかっています（**第1・15図**）。

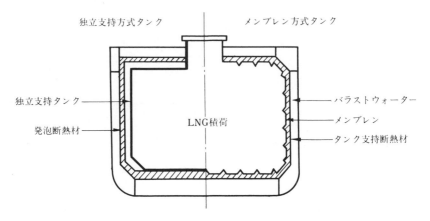

独立支持方式タンク　　　　　　　　　　メンブレン方式タンク

独立支持タンク　　　　　　　　　　　　　バラストウォーター

発泡断熱材　　　　　　　　　　　　　　　メンブレン

LNG積荷　　　　　　　　　　　　　　　タンク支持断熱材

第1・15図　LNG船のタンク構造の比較

左は独立支持タンク，右はメンブレン方式タンク。左のタンクは肉厚があり，これだけで
LNGの圧力に耐えることができる。メンブレンはタンク支持断熱材に密着しており，
LNGの圧力は支持断熱材を介し船体にかかる。メンブレンが鋸の刃のように描いてある
のはメンブレンの材質が熱変化の大きいステンレスを使用しているため縦横に特殊なし
わを作って温度変化を吸収させる構造であることを示している。船体が二重となり船側，
船底がバラストタンクとなっているのは衝突，乗揚などの海難からタンクを保護するた
め。

　写真1・19・aは独立球型タンクを5個搭載したLNG船です。甲板上に大き
な球型タンクが並んでおり，船橋からの見通しが悪いのと風圧の影響を大きく
受けるのが欠点です。これに対し写真1・19・bは四つの角型タンクを搭載した
LNG船で甲板上がすっきりとし，見通しが良く，風圧の影響も少ないので，北
太平洋を航行し，アラスカ～日本の輸送に従事しています。

　今迄の大型LNG船は，信頼性が高いということで，独立球形タンクを4～5
基設置した125,000～135,000m³型のものが主流でした。しかし，海外の独立球
形タンク型の古い船で，タンクに亀裂が入り廃船になったLNG船があるとい
われ，球形タンクが必ずしも信頼性に優れているともいえず，船型の大宗はメ
ンブレン方式と球形タンク方式が占めています。現在就航中の世界最大の
LNG船「Mozah- モーザ」はカタールのLNGを輸送するために開発されたQ-
MAX（Qatar-MAX）と呼ばれる積載容量262,000m³のメンブレン方式の船です。
韓国のサムスン重工業で1番船として完工し，現在同型船が14隻，やや小型の

Q-FLEX（206,000 ～ 216,000m³）31 隻が揃い，輸送に従事しています。

　2010 年 6 月 19 日にカタールのラス・ラファン港を出港し 24 日の航海を経て，7 月 13 日に知多に入港しました。今日までにわが国に入港した最大の LNG 船です。

2）L P G 船

　プロパンやブタンなどの石油ガスを液化して輸送する船舶を LPG（Liquefied Petroleum Gas）船といいます。プロパンの液化温度は－ 42℃，ブタンは－ 0.5℃ と LNG と比べて液化温度は高いため LPG 船は

　ⓐ　常温で加圧液化する加圧式 LPG 船

　ⓑ　常圧で温度を下げて液化する冷凍方式 LPG 船

　ⓒ　加圧式と冷凍式の折衷方式である加圧低温式 LPG 船

の 3 種に分かれます。

　加圧式 LPG 船は，高張力鋼を用いたタンクを数個船内に設置していますが，タンクは高圧に耐えるため円筒型または球型をしており，あまり大型のものを作ることはできません。また，タンクを検査するのに必要なスペースを確保するため船内に多くの余積が生じます。このような理由で，加圧式は小型の内航船に多く用いられています。

　冷凍方式のガス輸送は LNG 船の方が先に開発されたため，冷凍方式 LPG 船には LNG 船で開発された技術が多数用いられています。外航 LPG 船のほとんどはこの方式です。加圧低温方式は，圧力もそれほど高くなく，温度もあまり低くないので加圧式に比べタンクの肉厚を薄くすることができ，材質もそれほど低温に耐えるものを使用する必要はありません。

3）その他の液化ガス専用船

　国連の専門機関である IMO では液化ガスを撒積輸送する船舶の構造，設備，検査などについての規則（IMO ガスコード）を定めています。

　この規則には LNG，LPG も含まれますが，その他アセトアルデヒド，無水アンモニア，ブタジエン，ブチレン，塩素，エチルアミン，塩化エチル，エチレン等を輸送する船舶が対象になります。

　この規則では貨物の危険性に応じて，外板とタンクの間の距離を定めていますが，毒性の高い塩素，エチレンオキシド，臭化メチル，二酸化硫黄を積載する船舶に対しては，LNG 船よりもさらに厳しい規則を定めています。

　また，ブタジエンを輸送する船舶はタンク内を不活性としたり，塩素を輸送する船舶はタンク内を乾燥させるなど，それぞれの物質の性状により要求される要件が異なりますが，基本的には加圧液化，低温液化，加圧低温液化のいずれかを採用しており，LNG 船，LPG 船と原理的には大きな差はありません。

(8)　**ばら積専用船**

　鉱石，穀類などを撒積する船舶をばら積船といいます。ばら積船は，積載する貨物により，鉱石専用船（Ore Carrier, **写真 1・20**），石炭専用船（Coal Carrier），穀物専用船（Grain Carrier）などと呼ばれます。

　また，鉱石と原油のように性状の全く異なる貨物のどちらでも積み取れる船舶を兼用船（Combination Carrier）といい，鉱油兼用船（Ore Oil Carrier），鉱／撒／油兼用船（Ore Bulk Oil Carrier, OBO と略す）などがあります。

　ばら積専用船は，通常荷役装置を持たず，外観上はどれも同じように見えますが，積載する貨物により内部構造や船の大きさが異なっています。

1）鉱石専用船

　通常，鉱石専用船というと鉄鉱石を専用に輸送する船舶を指しますが，鉄鉱石以外にもニッケル鉱，ボーキサイト，銅鉱，燐鉱石などを専用に輸送する船舶もあります。

　鉄鉱石は比重が重く載貨係数（Stowage Factor, SF と略す。貨物1トンを積載するのに要する容積を ft³ で示したもの）が 12 ～ 20 です。このため両側をバラスト・タンクとし，鉱石を中央部に高く積み込めるよう設計されています。このような構造にすると揚荷のときグラブでつかみやすく荷役能率が向上する上に，重心が高くなるので動揺周期が長くなり機器に対する悪影響を避け，乗り心地を良くすることができます。

　両舷のバラスト・タンクは7～8のタンクに細分されていますが，貨物艙の数は2～3艙しかありません。したがって，大きな船艙（ホールド）では艙口

写真1·20　鉱石専用船「新竜丸」
4基のアンローダーで鉄鉱石を揚荷中の鉱石専用船「新竜丸」。重量トン数165,022
トン／航海速力15.8ノット

（ハッチ）が4つも付いています（**第1·16図**）。

　鉱石専用船はスケールメリットを追求する製鉄所の規模拡大とともに大型化され，VLCC（20万〜30万重量トン）よりも大きな40万重量トンのVLOC（Very Large Ore Carrier）が出現し，世界最大の鉄鉱石産地ブラジルのヴァーレから欧州への輸送に携わっており「ヴァーレマックス」と呼ばれます（**写真1·21**）。

　現在，鉄鉱石を輸送する主力となっている船舶は「ケープサイズ（Capesize）」と呼ばれるばら積み船です。パナマ運河を満載状態で通航可能なばら積み船の最大船型であるパナマックス以上の大きなばら積み船は，15万〜17万重量トンの船が多く建造されています。このような大きさは南アフリカの石炭積み出し港であるリチャーズ・ベイで受け入れる最大船型を全長314.0m，最大幅47.25m，最大喫水18.1mとしていることや，フランス北部のダンケルク港の揚荷装置の大きさから，最大幅45m以下で18万重量トン程度のケープサイズも多数建造されており，ダンケルクで揚荷できる最大船型ということで「ダンケ

写真 1・21　世界最大の鉱石専用船「Vale Brasil」
2011 年韓国で竣工した Vale Brasil 級の 1 番船。
重量トン数　402,347DWT ／総トン数　198,980GT ／全長　362.0m ／
幅　65.0m ／深さ　30.4m ／喫水　23.0m
主機　MAN-B&W　7S80ME-C8 型ディーゼル 1 基，1 軸
出力　36,929 馬力（27,162 キロワット）

　ルクマックス」と呼ばれています。このようなことから汎用性を考慮し，オーバーパナマックスのばら積み船の大きさは 15 万〜 18 万トンのサイズが多く建造されるようになったものと思われます。

　パナマ運河やスエズ運河が通航できないため喜望峰（Cape of Good Hope）やホーン岬（Cape Horn）を回らなければ太平洋〜大西洋，大西洋〜インド洋の航海ができない大きさの船はケープサイズと言われます。ただし，通常ケープサイズという用語はばら積み船に対してのみ用いられています。

　40 万重量トンの VLOC はブラジルから中国・東南アジアまでは豪州と比較すると長距離輸送になるので，船型を大きくして輸送コストを下げることを目的としているのですが，マレーシアのテルクルビアに建設した鉄鉱石デストリビューションセンターまで輸送し，そこからマラッカ海峡を通過できるケープサイズで二次輸送を行ったり，ストックヤードで鉄鉱石のブレンドを行うものと

推測されています
す。

　鉄鉱石以外の鉱
石を輸送の対象と
したその他の鉱石
専用船も基本的に
は鉄鉱石専用船と
変りませんが，ニ
ッケルのSFは28
〜30，ボーキサイ
トは32〜39であ
り，SFが大きく
なる（貨物が軽く
なる）のに応じて
貨物艙のスペース
も大きくなってい
ます。

２）石炭専用船
　石炭のSFは44
〜46であり，船積

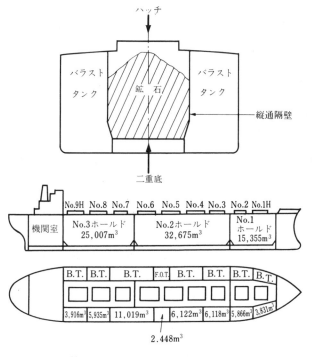

第1·16図　12万重量トンの鉱石船
比重の重い貨物を積むため貨物船の容積は 73,000m³ しかな
い。BT はバラスト・タンク，FOT は燃料油タンクの略。船内
はホッパー構造。

貨物としては重量，容積のバランスの良い貨物です。構造は次に記す穀物専用
船とほとんど同じですのでここでは省略しますが，石炭は専用船でなく，6万
トンのパナマックス型または3万トン程度のハンディー型のばら積船でも大量
に輸送されています。

　また，製鉄所で使用する原料炭の輸送には，鉱石と石炭のどちらでも積める
鉱／炭兼用船も就航使用されており，20万トン級の大型船もあります。

　石炭は軽い貨物であるため，船艙容積を大きくするのでバラスト・タンクの
容量が小さくなるため，揚荷後船艙の1つをバラスト・タンクとして使用する

ともあります。

3）穀物専用船

　穀物を専用に積載することができる船を穀物専用船といいますが，対象となる貨物は SF が 40〜50 の比較的軽い貨物であり，穀物に限定しているのではありません。軽い貨物のため設計上鉱石船とは逆にできるだけ船艙容積を広くとることに配慮しています。

　過去に穀物を積載した船舶の多くが，穀物の流動性という特殊な性状のため，復原力を失い転覆する海難事故が発生しました。このため，穀物専用船は転覆防止のため，国際条約に定められた特殊な構造となっています。

　撒積される貨物は，上から水平面上に落下させると山になりますが，山すその角度は貨物により異なり，大麦約25度，内地米約35度，とうもろこし約30度とほぼ一定です。この角度を静止角（Angle of Repose）といい，角度が小さいほど流動性が大きいことになります（**第1・17図**）。

　穀物を船で運ぶ場合，穀物が，沈下し，上部に空間ができ，船が傾斜すると，この空間に高い方から低い方，すなわち傾斜のため下になった方へ穀類が流れ込み傾斜がますます大きくなります。このため，一般貨物船で穀類を輸送する場合は，空間を生じさせないための補給装置（Feeder）を設けたり，木材で縦通隔壁を設けて穀類の移動を防止しますが，大量の木材を必要とし，費用と手

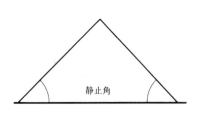

第1・17図　静　止　角
撒積貨物を上から落し山にしたとき水平面となす角が静止角で，角度が小さいものほど流動しやすい。

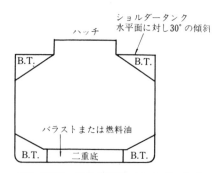

第1・18図　穀物専用船（Grain Carrier）の断面図

間がかかります。

　穀物専用船では，両舷の上部に三角形のショルダー・タンク（Shoulder Tank）と呼ばれるバラスト・タンクを設け，艙口（ハッチ）を補給装置とし，穀物の自由表面が艙口以外の場所に発生するのを防いでいます。ショルダー・タンクを設けない場合は，原油タンカーのように縦に隔壁（バルクヘッド）で仕切り貨物の流動を防ぐとともに自由表面を小さく分割する方法などが用いられます（**第1・18図**）。

4）兼　用　船

　兼用船は建造費は割高ですが次のような特徴があります。

　　①　市況に応じ運賃の高い方の貨物を積むことができる。

　　②　空船航海を少なくすることができる。

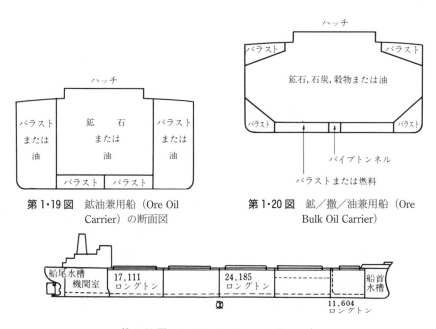

第1・19図　鉱油兼用船（Ore Oil Carrier）の断面図

第1・20図　鉱／撒／油兼用船（Ore Bulk Oil Carrier）

第1・21図　オルタネート・ローディング
65,000 重量トンの鉱撒兼用船が 52,900 ロングトン（53,700 キロトン）の鉱石をオルタネート・ローディングした積付図。

　　例えば，日本～中東　空船航海，中東～南米　原油輸送，南米～日本
　　鉱石輸送，のような航海が行える。

第1・19図は鉱油兼用船，第1・20図は OBO ですが，OBO の場合全ての船艙
（ホールド）に鉱石を積載することをせず，第1・21図のように全く空の船艙
と積載する船艙を交互にする方法がとられます。これは，揚荷の能率向上と重
心が過度に低下することを防止するためです。このような積載方法をオルタ
ネート・ローディング（Alternate Loading）またはジャンピング・ロード（Jumping
Load）といいますが，満載した船艙の重さと空の船艙の浮力によりその境界で
大きな剪断力が働くため強固な船体構造とする必要があります。このような積
載方法ができるような強度のある船舶に対し，船級協会ではその旨を明記した
船級を与えています。

(9)　木材専用船

　木材専用船は，原木，製材などの木材を専用に輸送することを目的とした船
舶です**（写真1・22）**。標準的な大きさは，15,000 ～ 20,000 重量トンですが，南
洋材，北洋材を運搬するものは，港湾事情から 3,000 ～ 6,000 重量トンのもの

写真1・22　木　材　船
手前は2本デリック，中央はクレーン，向うは1本デリックの荷役装置を備えた木材船。
（名古屋港管理組合提供）

が多く，米材を輸送する船舶より小型です。

　木材専用船は，構造上次のような特徴を持っています。

　　①　艙口はできるだけ長くし，船艙内はスタンション等の障害物を省き，
　　　木材が能率よく積み込まれるよう配慮してあり，中甲板は設けない。

　　②　木材は甲板上にも積載されるので上甲板の強度が大きい。また，甲板
　　　積みのため重心が上昇するので船幅を広くして復原性の減少を防いでい
　　　る。

　　③　木材は単位重量が重いため荷役装置はデッキクレーンか1本デリック
　　　を用い，木材を定位置に積み込みやすくしている。

⑽　自動車専用船

　自動車を専用に輸送する船舶を自動車専用船といいます。自動車専用船には
自動車のみを輸送するPCC（Pure Car Carrier, 純自動車専用船）および自動車
と穀物などのばら積貨物の両方を積載できる自動車兼撒積船（Car Bulk
Carrier）の2種類があります**（写真1・23・a）**。

1）P　　C　　C

写真1・23・a　自動車専用船
右はPCC，左はカー・バルク兼用船。両船ともサイド・ポートより積荷中。自動車
運搬船の着岸する岸壁は，広大な面積が必要である。

写真 1・23・b　PCC「BELUGA ACE」
全長　199.95m ／全幅　32.2m ／総トン数　63,115 トン／航海速力　19.9 ノット
／乗用車積載台数　6,705 台　　　　　　　　　　　　　　　　（商船三井提供）

　写真 1・23・b は世界最大級の乗用車 6,705 台を積載する PCC です。甲板の数が多いことと，水線上の構造物の大きなことが特徴です。これは，自動車が容積の割に重量が少ない特殊な貨物のためです。

　このように上部構造物が大きいと，重心が高くなり復原力が不足するので，できるだけ軽構造とする必要があります。甲板の強度は普通の貨物船で 2 〜 3 ton/m² あるのに対し，PCC では 150 〜 200kg/m² しかありません。

　甲板間の高さは，乗用車を対象とし，1.70 〜 2.10m としていますが，背の高いトラックやバスを積載するためリフタブル・デッキ（Liftable Deck）またはホイスタブル・デッキ（Hoistable Deck）と称する可動式の甲板が設けられ，甲板の高さを 3 m 以上とすることができるようになっている部分があります。可動式デッキを設置した場所は，重い車を積載するので甲板の強度も強くなっています。

　荷役は RORO 船と同じように船と岸壁を結ぶランプ・ウェー（自動車専用船ではカー・ラダーと呼ぶ）により自走して積揚が行われます。

　自動車の重量は約 1 トン／台と軽いため，満載しても喫水はあまり変りません。大洋航海では荒天の中でスクリューが水面上に出ると航行に支障を来してしまうため PCC の水面下の形状を細くしてスクリューが深く入るようにしています。

水線下の面積に比して水線上の面積が大きいため，風圧の影響を大きく受け，操船は困難です。このため舵の面積を大きくするとともに大型のPCCではバウ・スラスターを装備しています。

荷役は自動車が艙内を自走するため排気ガスが多量に出ます。航海中は自動車の燃料タンク内のガソリンが気化して火災を発生する危険があります。このためPCCは強力な換気装置を備えています。

2）カー・バルク・キャリアー

PCCが自動車だけを輸送するので片道は空船であるのに対し，カー・バルク・キャリアーは往航自動車，復航穀物を積載というように効率の良い配船ができます。構造は，前述の穀物専用船に収納可能なハンギング・デッキ（Hanging Deck）を吊下げ自動車を積載し，穀物を積むときはこれをショルダー・タンクの下に巻込む方式がとられます。艙口（ハッチ）の下はポンツーン・デッキですが，穀物積載時は上甲板に積み上げておきます。

しかし，自動車は雨天でも荷役ができますが，穀物は雨中荷役を行い漏らすと品質が劣化し大きな損害が発生するので，雨天では荷役が行えません。天候により停泊日数が伸びると次に積載する自動車の準備にも支障が生じます。このため，自動車を揚げた後，穀物を積まないで空艙のまま自動車の積地に戻る方が経済的であり，カー・バルク・キャリアーに穀物を積むことは行われなくなり，このような船の建造もされなくなりました。

1·2·4 漁 船

漁船は，法律上，「漁業に従事する船舶および漁業に関連する船舶」と定義されています。したがって，魚を獲る船だけでなく，運搬船，工船，指導船も漁船の範疇に入ります。

魚の獲り方は，地方により伝統的な方法があり，わが国の代表的な漁法だけでも数百種類に及びます。それぞれの漁法に適した漁船が用いられているので，漁船の種類も多岐にわたります。まぐろの獲り方でも，わが国では主として延縄（はえなわ）を用いるのに対し，アメリカでは旋網（まきあみ）を用いています。

第1・7表　　漁船の種類

釣漁船（かつお釣漁船，さば釣漁船，いか釣漁船等）

延縄漁船（たいはえ縄，ふぐはえ縄，まぐろはえ縄）
<small>はえなわ</small>

流網漁船（さわら流し網，いわし流し網，さけ・ます流し網）

刺網漁船（かれい刺網，にしん刺網）

旋網漁船（あぐり網，いわし巾着網，大中型まき網）
<small>まきあみ</small>

敷網漁船（さんま棒受網，なっとび網）

突棒漁船（もりでかじきやまぐろを突きさす漁法，太平洋側で行われる）
<small>つきんぼう</small>

曳縄漁船（まぐろ曳縄，しいら曳縄，ぶり曳縄等）

曳網漁船（機船手繰網，なまこ網，沖合底曳網等）

トロール漁船（遠洋トロール漁業，エビトロール漁業，オキアミトロール等）

▲白蝶具採取漁船

▲海獣漁船

▲鮭鱒母船

▲捕鯨母船

▲かに工船

▲ミール母船

すりみ工船

冷凍工船

冷凍運搬船

活魚運搬船

ミール運搬船

その他

漁業指導船

漁業試験船

漁業調査船

漁業練習船

漁猟船／母船・工船／運搬船／その他　漁船

▲現在は存在しない。

　また，世界全域を航行する商船と異なり，漁船は操業海域が定まっているので，その海域の気象，海象に適した船型となります。

　このようなわけで，漁船を詳細に分類すると非常に多くの種類となりますが，用途と漁法により分類すると第1・7表のようになります。大きな分類は船舶安全法，細目は漁船特殊規則を参考として作成してあります。

　これらの漁船のうち，わが国の漁業に重要な役割を果たしている漁船について簡単に記すと次のようになります。

(1)　釣 漁 船

　かつお釣漁船，さば釣漁船，いか釣漁船などが釣漁船としてよく知られています。沿岸漁業は1～2人乗りの1トン未満の小型のものから，400トン近いかつお釣漁船まで多くの種類があります。

　かつお釣は魚群を見つけると活餌を撒き，魚を興奮させ，散水し小魚が跳びはねているように見せて擬似餌鉤で釣上げる方法です。

　このため，魚群を発見するための見張台を持ったマスト，船首に長く突出したバウスプリットから船側の周囲を取り囲んだ釣台，散水装置，餌のいわしを活かしたまま釣場まで運ぶための活魚槽などが設けられています **(写真1・24)**。活魚槽は海水を排出すると漁獲物を入れる魚艙になります。

　かつお釣漁船は，台風の多いマリアナ海付近にも出漁するので，荒天に耐える堅牢な船体が必要です。これは，まぐろ延縄漁船にも必要な構造要件でもあり，かつお釣とまぐろ延縄の両方の操業の可能な兼用船もあります。

(2)　延縄漁船

　延縄（はえなわ）は，長い縄に多数の釣針を付け，目的とする魚種に応じて海底，中層，海面など深さを定めて水平に長く延ばして設置し，適当な時間が経過し魚が針

写真1・24　かつお釣漁船「第8絞代丸」
（344総トン）

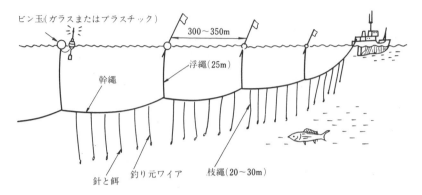

ビン玉(ガラスまたはプラスチック)　　　300〜350m

浮縄(25m)

幹縄

針と餌　　釣り元ワイア　　枝縄(20〜30m)

第1・22図　マグロ延縄の投縄図

にかかったところで縄を
引き上げる漁法です。対
象とする魚により，たい
延縄，ふぐ延縄，さけ・
ます延縄，たら延縄，た
こ延縄，まぐろ延縄など
があります。最も大規模
なものは，遠洋まぐろ延
縄であり，縄の長さは約
150kmに及び漁場も広範
囲で太平洋，インド洋，
大西洋に及んでいます。

写真1・25　遠洋まぐろ延縄漁船
「第1昭福丸」（486総トン）（㈱白福本店提供）

　まぐろ延縄の揚縄作業は，漁船の右舷側で行い，右舷に縄を巻上げるための
ライン・ホーラーを設置しています。新しい船では，船尾に延縄を巻いておく
オート・リールが設置してあります。

　また，まぐろは高級魚であり，赤い鮮やかな色を保つため−60℃の急速冷凍
装置を採用しています。

(3) 流網漁船

流 網は刺網の一種です。固定式刺網が錨などを用いて網を固定するのに対
し，流網は海潮流，風などに流され，漂泊しながら操業をします。

　流網の対象となる魚は，ぶり，飛魚，いわし，きびなごなどですが，最も有
名なのがさけ・ます流網です **（第1・23図）**。

　母船式のさけ・ます流網船団は，母船1隻が40数隻の独行船を伴い，独行
船で捕獲した漁獲物は母船に運び処理します。母船に随伴する独行船の大きさ
は50～96総トンに制限されています。

　母船式でない中型流網，小型流網，日本海流網の漁船の大きさはそれぞれ15
～96，5～10，10～30総トンと規定されています。

　さけ・ます流網漁船の構造上の特徴は，荒天の多い北洋で操業すること，お

よび網や漁獲物
を甲板に積載す
ることを考慮し
船幅を広くし転
覆の危険を少な
くしていること

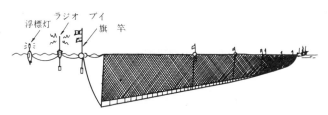

第1・23図　さけ・ます流網

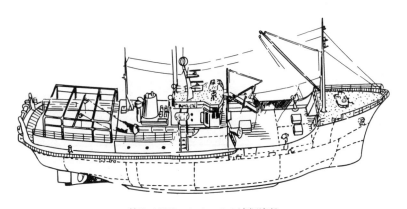

第1・24図　さけ・ます流網漁船

です。投網，揚網は船尾で行うの
で，網が擦れないようローラーを
設置し，船尾上甲板には漁網を積
載するための囲いが設けられて
います（第1・24図）。

(4) **旋網漁船**

旋網漁業は，あじ，さば，いわ
し，かつお，まぐろなどの回遊魚
を捕獲することを目的とし，網で
魚群を取り巻き，徐々
に包囲した網を絞る漁
法です（第1・25図）。

漁具や漁船は，魚の
種類，操業海域により
多くの種類がありま
す。アメリカでは，大
規模な旋網漁業が盛ん
で，船団には魚群を発
見するためのヘリコプ
ターまで加わっています。
わが国で行われている大規
模な旋網漁業は，東支那海
で行われているもので，網
船1隻，灯船2隻，運搬船
3隻で船団を組み，捕獲し
た魚は運搬船で水揚港に運
びます。網船と灯船は漁場
に留り操業を続けるので，

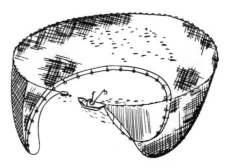

第1・25図　まき網漁業操業図

写真1・26　米国式まき網漁船「第八十三福一丸」
　　　　　（499総トン）

写真1・27　大型トロール漁船「第五天洋丸」

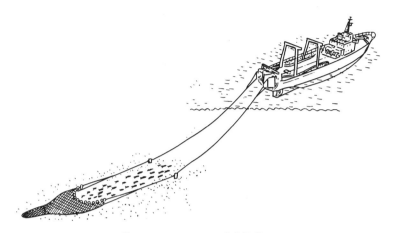

第1・26図 トロール漁業操業図

　網船には魚艙は全く設けないか，あっても容積はあまり大きくありません。灯船は集魚灯で魚を集めたり，魚の探知や作業船として使用します。
　旋網漁船は，揚網時片舷に作業員が集まり網を引揚げるので船幅を広くとり復原力を大きくしています。

(5)　**トロール漁船**

写真1・28　底曳網漁船

　トロール漁業は，船で網を曳航して魚を獲える漁法です。使用される船舶は，数トンの小型船から，船内で捕獲した魚をすり身に加工する設備を備えた数千トンの大型船まで多くの種類があります。

　網の曳航，投網，揚網を船側で行うサイド・トロールと船尾で行うスターン・トロールがありますが，最近は，作業員の数が少なくてすむスターン・トロールが多くなっています。

(6)　底曳網漁船

　底曳網漁法は，網を海底に密着させるようにして引きずり，底棲類の魚介類を捕獲する漁法であり，たら，かれい，ひらめ，たい，はも，えび，しゃこ，うに，なまこ等を対象とし，各種の漁具があります。底曳網は広義のトロール漁法ですが，法律上はトロール漁法と区別されています。

　この漁法は能率的であり，底棲類を根こそぎ捕獲してしまうため，乱獲により資源を涸渇させる恐れがあるので，操業区域，操業期間等について法律等で詳細に制限しています。

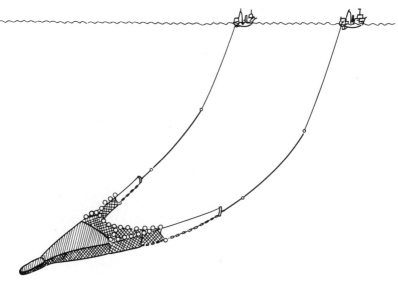

第1・27図　以西底曳網漁船の曳網図

写真 1·29　底曳き母船（工船）「荘洋丸」（総トン数 12,951 トン）

　底曳網は1隻で行うものと2隻で行うものがありますが，山口県や九州から東支那海に出漁する2隻で1組となった以西底曳網漁船や，多数の独行船を従えて出漁する北洋底曳船団が有名です。

(7)　母　　船

　母船とそれに付属する小型の独行船で船団を構成して行う漁業を母船式漁業といいます。南氷洋の捕鯨業，北太平洋のさけ・ます漁，北太平洋ですけそうたらを主に捕獲する底曳漁などは母船式漁業の代表的なものでしたが，現在は行われていません。

　母船は，漁獲物を船内で缶詰，魚粉，すり身等に処理するための設備を持ち，工船（Factory Ship）とも呼ばれます。

　さけ・ます船団は，母船1隻に対し独行船が40数隻，北洋底曳船団は，母船1隻に対し独行船が10〜20数船が随伴していました。かに母船は，かわさき船と呼ばれる数隻の漁艇を搭載し，これ以外に6隻程度の独行船を伴い出漁していました。捕鯨船団については，1982年に国際捕鯨委員会（IWC）がモラトリアム（商業捕鯨一時停止）を決定したため，わが国は1987年に商業捕鯨を一時停止し，南極海鯨類捕獲調査を開始しました。1994年には北大西洋での鯨類捕獲調査を開始し，またIWC管轄対象外の小型鯨類（ツチクジラ，コビレゴンドウ）を対象としてわが国沿岸での捕獲を行っていました。30年にわたり商業捕鯨モラトリアムの見直しを提案してきましたが，2018年に現在のIWC

では異なる立場の共存の可能性がないことが明白となったため，わが国は 2019年に IWC を脱退し，同年 7 月から大型鯨類を対象とした捕鯨業を再開しました。現在は，IWC で採択された科学的根拠に基づく改訂管理方式（RMP）による厳格な資源管理のもと，領海および排他的経済水域内で商業捕鯨を行っています。

1・2・5　軍　　　艦

　軍艦の分類は，各国がそれぞれ独自に行っており，国際的に統一されたものはありません。一例をあげると，西側では航空母艦として位置付けられているものは，本国では対潜巡洋艦とされています。「対潜」の意味は対潜兵器を装備していることを表わし，アメリカの空母が対潜水戦を搭載機と随伴艦に頼っていることに対する呼び名です。

　世界的に権威のあるジェーン海軍年鑑では軍艦を便宜的にトン数により第1・8 表のように分類しているので本書ではこの分類を用いることにします。

　この表によれば，わが国にはコルベットという聞き慣れない艦種があることになりますが，これはトン数別の分類に，それぞれの区分の代表的な名称を付したためです。

　なお，艦艇の性能は，大きさ，速さだけでなく，どのような兵装であるかが重要です。例えば，わが国の誇った戦艦「大和」（排水量 74,000 トン）は，18インチ砲 9 門（3 連装 3 基）を主砲として装備していました。この主砲の砲弾 1 発の重量は 1,460kg です。このように巨大な砲弾を打ち出すので大きな反動があるため，主砲 1 基の重量は約 2,700 トンあったといわれます。

　これに対し，艦対艦ミサイル「ハープーン」は重量 667kg で炸薬量は約 230kgと「大和」の主砲の砲弾の約 7 割の薬量があります。最大射程は大和の主砲が40km であるのに対しハープーンは 2 倍強の 90km もある上に発射時の反動がほとんどないため小型艦艇にも装備できます。アメリカでは排水量わずか 235トンの水中翼艇にハープーン 8 基を搭載しており，昔の戦艦並みの攻撃力があります。

第1・8表　艦艇の種類（ジェーン海軍年鑑による）

潜水艦　SUBMARINES		
戦略ミサイル	Strategic Missile	原子力及び在来型推進
巡航ミサイル	Cruise Missile	同　上
艦隊潜水艦	Fleet Submarines	原子力推進
哨戒潜水艦	Patrol Submarines	在来型推進
航空母艦　AIRCRAFT CARRIERS		
攻撃空母（原子力）	Attack Aircraft Carriers(Nuclear)	ニミッツ及びエンタープライズ級
攻撃空母	Attack Aircraft Carriers	
対潜空母	ASW Aircraft Carriers	
主要水上戦闘艦　MAJOR SURFACE SHIPS		
対潜巡洋艦	A/S Cruisers	インビンシブル級（英）, モスクワ級（ソ）
巡洋艦	Cruisers	1万トン以上, ミサイル改装を含む
軽巡洋艦	Light Cruisers	5千トンから1万トン
駆逐艦	Destroyers	3千トンから5千トン, 初期の在来型駆逐艦を加える
フリゲート	Frigates	1,100トンから3千トン
コルベット	Corvettes	500トンから1,100トン
軽快艇　LIGHT FORCES		
高速攻撃艇（25ノット以上）	Fast Attack Craft(FAC)(25 knots and above)	FAC(ミサイル) FAC(砲) FAC(魚雷)／FAC(哨戒)
哨戒艇（25ノット未満）	Patrol Craft (below 25 knots)	大型(100トンから500トン) 沿岸(100トン未満)
水陸両用戦艦艇　AMPHIBIOUS FORCES		
指揮中枢艦	Command Ships	
強襲艦	Assault Ships	
揚陸艦（艇）	Landing Ships(Craft)	
輸送艦	Transports	
機雷戦艦艇　MINE WARFARE FORCES		
敷設艦	Mine Layers	
機雷掃討支援艦	MCM Support Ships	
掃海艇（航洋）	Mine Sweepers(Ocean)	
掃討艇	Mine Hunters	
掃海艇（近海）	Mine Sweepers(Coastal)	
〃　（沿岸）	Mine Sweepers(Inshore)	
掃海ボート	Mine Sweeping Boats	
海洋観測艦艇　SURVEYING VESSELS		
海洋観測艦	Surveying Ships	
海洋観測艇（近海）	Coastal Surveying Craft	
〃　（沿岸）	Inshore Surveying Craft	

(1)　潜　水　艦

1）　戦略ミサイル潜水艦

　戦略ミサイルを搭載した大型の潜水艦で，ICBM（大陸間弾道弾），戦略爆撃機と並び戦略核兵器三本柱の1つです（**写真 1・30**）。

　アメリカの最新の戦略ミサイル潜水艦は，航続距離6,500浬のトライデントII型潜水艦発射弾道ミサイル24基を搭載し，排水トン数は18,700トン（潜航時）もあります。

　戦略ミサイル潜水艦は，アメリカ，ロシア，イギリス，フランス，中国，イン

写真 1・30　戦略ミサイル潜水艦　Woodrow Wilson 号
全長　129.5m／幅　10.1m／喫水　9.6m／排水量8,250トン（潜航時）／原子力推進，速力　水上20ノット，水中30ノット／乗員　140名
兵装　ポセイドン C-3/トライデント 1，ミサイル16基，魚雷発射管4門。　　　　　（米国海軍提供）

ドの6ヶ国が保有しています。在来型はSSB，原子力推進はSSBNと略されますが，ほとんどが原子力推進です。

2）　巡航ミサイル潜水艦

　巡航ミサイルは，ジェットエンジンで推進するミサイルです。この種類の潜水艦は，ソ連がNATO（北大西洋条約機構）の海軍力に対抗して，対艦巡航ミサイルを発射するために開発しました。

　その後，潜水艦を防御するのに潜水艦を用いるのが有効であることが認識され，巡航ミサイル潜水艦の用途は広まっています。巡航ミサイル潜水艦は，潜水艦の魚雷発射管から発射し，安全な距離だけ離れると空中を飛行し，目標の近くの海中に突入し，海中でさらに目標に近づき核弾頭を爆発させる UAUM（水中～空中対水中ミサイル）を装備したものが増加しています。在来型は

写真1・31　米国の艦隊潜水艦「RAY」（SSN653）
全長　89.0m／幅　9.5m／喫水　7.9m／排水量　4,640トン（潜航時）／
乗員　107名
兵装　魚雷発射管　4門　　　　　　　　　　　　　　（米国海軍提供）

SSG，原子力推進はSSGNと略されますが，在来型はほとんどありません。

　なお，米国では巡航ミサイル・トマホークを搭載した原子力潜水艦を多数保有していますが，これらはSSNに分類しています。

3）　艦隊潜水艦

　艦隊潜水艦は，水上艦船，戦略ミサイル潜水艦の攻撃を任務とし原子力で推

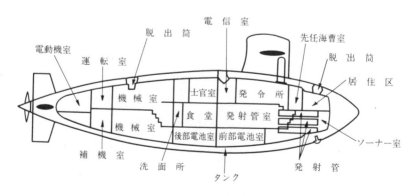

第1・28図　哨戒潜水艦「いそしお」
全長　72m（238FT）／幅　9.9m（30FT）／排水量　1,850トン／乗務員　幹部10
名，曹士70名／推進方式　ディーゼル電気推進

進します。現在就役中の大型のものは水中排水量が 9,297 トンのシーウルフ級
で，トマホーク，MK41 魚雷，8 基の魚雷発射管を備えています。

　攻撃型潜水艦（Attack Submarine）とも呼ばれ，SSN と略されます。

4）　哨戒潜水艦(Patrol Submarine)

　ディーゼルおよび電池により推進される潜水艦で，原子力推進のものに比べ
小型です。沿岸，浅い海域での活動に有利であり，水中航走時の騒音が少ない
ので隠密行動をとれる利点があります。

　世界の多くの国で用いられており，わが国の保有する潜水艦も全てこのクラ
スのものです。用途も哨戒，攻撃などに広く用いられます。建造費が安いこ
と，雑音の発生が少ないことなどのため，電池だけで長期間潜航できるよう，
高性能の燃料電池の開発が各国で行われています。

(2)　**航 空 母 艦**

　空母ともいい，原
子力推進のものを
CVN，在来型を CV
と略します。

　従来，航空母艦
（Air Craft Carrier）は
艦載機による攻撃を
主目的としていまし
たが，最近の傾向
は，攻撃のみを目的
としたものは少な
く，多目的任務のも
のが増加していま
す。アメリカでは，
在来の攻撃型空母を
改装し，対潜装備や

写真 1・32　原子力航空母艦「ニミッツ」
最大排水トン数　91,487 トン／全長　331m／飛行甲板の幅
　76.8m　斜め甲板の採用により甲板を発艦甲板，着艦甲板，
駐機部に分けることができ，艦載機の効率的運用ができるよ
うになった。　　　　　　　　　　　　　　　（米国海軍提供）

指揮機能を持たせています。

　現在，世界最大の航空母艦は，アメリカの原子力推進のニミッツ級のもので，排水トン数は，91,400トンで，戦闘機，攻撃機，対潜機，偵察機，ヘリコプター，電子戦用機，早期警戒機，補給機など約87機を搭載し，航空機連続作戦能力は16日で在来型の2倍の作戦能力があります（**写真1・32**）。これは，原子力推進のため自艦で使用する大量の燃料油が不要であり，その分航空燃料を搭載できるからです。なお，2017年より排水トン数101,600トンのジェラルド・R・フォード級が就役しています。

　アメリカでは，原子力空母を中心とし，巡洋艦，駆逐艦等で空母戦闘群を構成し，太平洋，大西洋に配備しています。

写真1・33　原子力巡洋艦「バージニア」（満載排水量11,300トン）
（米国海軍提供）

今日，世界で空母を所有しているのは，アメリカ，ロシア，イギリス，フランス，イタリア，スペインなどです。

(3) 巡洋艦

巡洋艦（Cruiser）の任務は，海上交通路の確保，船団や空母の護衛，対潜作戦，機動部隊を構成して行う作戦，水陸両用戦と広範囲にわたっています。

最新の巡洋艦の兵装は，艦隊を防護するための艦隊防護システム，自艦を防護するためのミサイルや艦砲，水上攻撃力としての対艦ミサイルや艦砲，潜水艦攻撃力のための魚雷，哨戒捜索のためのヘリコプター，指揮管制のための通信や情報処理の装備などがあります。保有国の国情，各艦の任務により兵装は

写真1・34・a ヘリコプター搭載護衛艦「くらま」
基準排水量　5,200トン／出力　70,000馬力／速力　32ノット
アスロック1基，3連装短魚雷発射管2基，対潜ヘリコプター3機，艦対空ミサイル1基，54口径5インチ速射砲2基を装備　　　　　　　　　（海上自衛隊提供）

異なり，それぞれ特色を持っています。

アメリカでは，西大西洋，東太平洋，地中海など本土から遠く離れた海域に艦隊を配備しているため，巡洋艦も原子力推進のものを建造し，原子力空母と共に原子力機動部隊を編成しています（**写真1・33**）。

なお，在来型の巡洋艦は，兵装は艦砲を主体としていますが，近代戦に対応できるよう改装がなされています。

また，アメリカ海軍で開発された，同時に多方向から飛来するミサイルを攻撃することのできる「イージス戦闘システム」と呼ばれる最新防空システムがあります。これを装備した艦をイージス艦といい，巡洋艦はイージス巡洋艦，駆逐艦はイージス駆逐艦といいます。

わが国では，「こんごう」「きりしま」「みょうこう」「ちょうかい」の４隻のこんごう型と第２世代のあたご型「あたご」「あしがら」の２隻，まや型「まや」「はぐろ」の２隻，計８隻のイージス艦を保有しています。

(4) 駆 逐 艦

第２次大戦迄の駆逐艦（Destroyer）は，高速力と優れた操縦性を生かし，魚雷攻撃を主たる武器としていました。今日の駆逐艦の任務は対潜水艦戦が主となり，魚雷も水上艦船用の長魚雷は装備せず，対潜用の短魚雷のみを装備した艦が多くなりました。

主要水上艦の中では，駆逐艦の隻数が最も多く，水上艦船に対する攻撃，船団護衛，対空防衛，水陸両用作戦，哨戒，捜索，救助活動などと汎用性の高いのが特徴です。

(5) フリゲート

フリゲート（Frigate）は，帆船時代に，大砲を23〜73門備えた３本マストの1,000トン前後の帆装軍艦に付された名称で，単独で遠洋を長期間行動することができる今日の巡洋艦のようなものでした。

現在のフリゲートの持つ意味は，はなはだ曖昧であり，駆逐艦より小型で性能が劣るように感じられますが必ずしもそうではありません。

最新のフリゲートは，ヘリコプターを搭載し，対空，対潜ミサイルなどを装

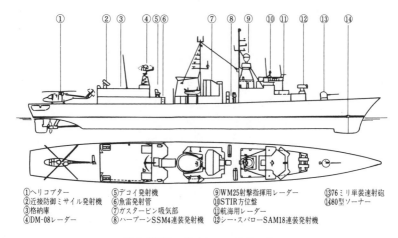

①ヘリコプター　　　　　⑤デコイ発射機　　　　　　⑨WM25射撃指揮用レーダー　　⑬76ミリ単装速射砲
②近接防御ミサイル発射機　⑥魚雷発射管　　　　　　　⑩STIR方位盤　　　　　　　　⑭80型ソーナー
③格納庫　　　　　　　　⑦ガスタービン吸気部　　　　⑪航海用レーダー
④DM-08レーダー　　　　⑧ハープーンSSM4連装発射機　⑫シー・スパローSAM18連装発射機

第1・29図　ドイツのフリゲート
満載排水量　3,800トン／全長　128m／幅　14.4m／ヘリコプター
2機搭載

備しており，兵装は
駆逐艦とあまり変ら
ないようです。アメ
リカでは，推進器が
1個のものをフリ
ゲートと呼び，2個
以上のものを駆逐艦
といっています。

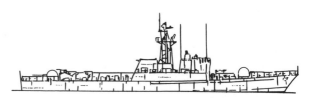

第1・30図　イスラエル海軍のQU-09-35型コルベット
排水量　850トン／主機　ディーゼルおよびガス
タービン22,500馬力／速力　25ノット
7.6センチ砲／ボホース対潜ロケット連装発射機／艦対艦ミ
サイル装備／ヘリコプター発着可能
(Interconair, Nov. '79 より)

　また，一時，アメ
リカでは，巡洋艦と駆逐艦の間にフリゲートを位置付けたことがありフリゲー
トの意味が余計分かりにくくなったものと思われます。

　わが国では，小型の護衛艦にP・F（パトロール・フリゲート）という艦艇記
号を付していましたが，現在では廃止されています。

　⑹　**コルベット**

　コルベット（Corvette）は，17〜18世紀の3本マストのフリゲートより小

型の帆装軍艦で，最初はフランスで建造され，その後イギリスでも採用されました。

　コルベットという名称が再び現われたのは第二次大戦中であり，イギリスでドイツのUボートから船団を護衛するため，捕鯨のキャッチャーボートを基本デザインとして建造された小型の軍艦をコルベットと名付けました。

　ジェーン海軍年鑑では，500～1,100トンの水上戦闘艦をコルベットとしていますが，1,200トン程度の艦種をコルベットとしている国（デンマーク，ポルトガル等）もあります。

　航洋性があり，フリゲートと同じように哨戒，警備，対潜任務の可能なものから，500トン程度で局地戦に用いるものまで，色々な種類がありますが，後者は輸出商品として知られています。

　すなわち，先進諸国では小型艦にミサイル，砲などの兵装を施し，比較的安価で，操作するにも高度の技術を必要としないものをコルベットと称して開発途上国に販売しています。

(7)　水陸両用艦艇

　水陸両用作戦は，三次元作戦とも揚陸戦とも呼ばれ，陸・海・空の三軍を組織して行う上陸作戦です。

　第二次世界大戦で，アイゼンハワー元帥の指揮により連合軍の実施したノルマンディー上陸作戦（1944. 6. 6），朝鮮戦争でアメリカ・韓国が合同で行った仁川上陸作戦（1950. 9. 15）は，水陸両用戦の大規模で，かつ，大きな成果を上げた事例として広く知られています。

　水陸両用では，多数の艦艇・航空機・戦車等が参加しますが，これらを上陸地点迄輸送し揚陸すること，および，これらを一元的に統一することが必要であり，このため水陸両用艦艇として指揮中枢艦・強襲艦・揚陸艦艇・輸送艦等が建造されています。

第1・31図　揚陸指揮艦「ブルー・リッジ」

　指揮中枢艦は，戦闘経過を見守り，艦艇の火力による支援や航空機による支援の調整，上陸部隊との連絡等複雑多岐にわたる情勢の分析と判断および通信能力が要求されます。

　第1・31図はアメリカの揚陸指揮艦ブルー・リッジ号ですが，甲板上に各種のアンテナが林立し，内部には，高性能のコンピュータを駆使した海軍戦術データ・システム（Naval Tactical Data System, NTDS），揚陸戦闘指揮情報伝達システム（Amphibious Command Information System, ACIS），海軍情報処理システム（Naval Inteligense Processing System, NIPS）等が設置されています。

　強襲艦は，ヘリコプターを搭載しており，これにより兵員の揚陸を行う艦です。

　揚陸艦には，陸に乗揚げて，船首部から道板（ランプ・ウェー）を出して戦車や車両を揚荷する RORO 方式のものと，艦自体が浮ドックのような構造になっており，揚陸艇に戦車等を搭載したまま艦内に引入れた後水密扉を閉鎖し艦内の水を排水し，目的地迄航行し，再び艦内に注水し水密扉を開いて揚水艇を発進させる FOFO 方式のものがあります。

　最初の強襲揚陸艦は 1989 年に就役したアメリカの「ワスプ」が 1 番艦で 1 隻の同型艦です。満載排水量 41,150 トン，乗員 821 人，輸送兵力 1,873 名，V/STOL 機 6 ～ 12，ヘリコプター 42 機積載可能で，FOFO 式で大型ホーバー・クラフト揚陸艇などを収容しています。この他 1976 年に就航した「タワラ」とその同型艦が 5 隻あります。

(8) 自衛隊の艦艇

　わが国の自衛隊では，艦艇を第 1・9 表のように警備艦と補助艦に大別しています。警備艦は直接戦闘に携わる艦艇で，補助艦艇はそれ以外の艦艇です。

　護衛艦の記号は DD と DE ですが，DE は沿岸での任務もあり，最大で 2,000 トン程度です。艦名は，天象，気象，河川の名から，例えば，「あきづき」，「むらさめ」，「たかなみ」，「あぶくま」等のように命名し，同型艦は「おおなみ」，「まきなみ」，「さざなみ」のように同系統の艦名を付しています。

　DD は，さらに DDG（Guided Missile Destroyer, ミサイル搭載護衛艦）と DDH

写真1・34・b　イージス艦「みょうこう」

基準排水量　7,250トン／長さ　161m／幅　21.0m／深さ　12.0m／喫水　6.2m／主機
ガスタービン4基2軸／出力　100,000馬力／速力　30ノット
イージス装置一式，誘導弾垂直発射装置一式，ハープーンSSM発射機1門，3連装短魚
雷発射管2門などを装備した世界最強のミサイル搭載護衛艦。　　　　　（海上自衛隊提供）

（Helicopter Destroyer，ヘリコプター搭載護衛艦）に分類されます。最近，イー
ジス艦という呼び方が新聞，テレビなどで使われますが，防衛庁の艦種にはこ
のような分類はなく，DDGに分類されます。DDG，DDHには多くの艦種があ
りますが，いわゆるイージス艦は艦番号173からで，「こんごう」，「みょうこ
う」**（写真1・34・b）**のように山の名前を付した6隻が就役しています。情報能
力は非常に優れています。

　船首部の両舷（潜水艦には記さない）に記されている艦番号は，DDクラス
は101から，DEクラスは201から順番に付けることになっています。

　潜水艦は，海象，水中動物の名から付けることになっていて，現在は「くろ
しお」，「たかしお」等の「しお」で統一しているもの，「そうりゅう」，「せい

第1･9表　海上自衛隊の艦船の分類と

分　　　類		種　　別	記　号	英　語　呼　称
大分類	中分類			
警 備 艦	機 動 艦 艇	護　衛　艦	DD DE	Destroyer Desutoroyer Escot
		潜　水　艦	SS	Submarine
	機 雷 艦 艇	掃　海　艦	MSO	Minesweeper Ocean
		掃　海　艇	MSC	Minesweeper Coast 1
		掃海管制艇	MCL	Minesweeping Controller
		掃　海　母　艦	MST	Minesweeper Tender
	哨戒 艦艇	ミ サ イ ル 艇	PG	Patrol guided Missile Boat
	輸送 艦艇	輸　送　艦	LST LSU	Landing Ship Tank Landing Ship Utility
		輸　送　艇	LCU	Landing Craft Utility
補 助 艦	補 助 艦 艇	練　習　艦	TV	Training Ship
		練 習 潜 水 艦	TSS	Training Submarine
		訓 練 支 援 艦	ATS	Training Support Ship
		海 洋 観 測 艦	AGS	Oceanographic Resarch Ship
		音 響 測 定 艦	AOS	Ocean Serveillance Ship
		砕　氷　艦	AGB	Icebreaker
		敷　設　艦	ARC	Cable Repairing Ship
		潜 水 艦 救 難 艦	ASR	Submarine Rescue Ship
		潜水艦救難母艦	AS	Submarine Rescue Tender
		試　験　艦	ASE	Experimental Ship
		補　給　艦	AOE	Fast Combat Suport Ship
		特　務　艦	ASU	Service Utility Ship
		特　務　艇	ASU	Service Utility
			ASY	Auxiliary Vessel Special Service Yacht

艦名のつけ方

名称を付与する標準 （訓令）	名称を選出する標準
天象，気象，山岳，河川，地方の名	天象，気象（月，日，雨，雪，霧，霜，雲，四季等），山岳，河川，地方の名
海象，水中動物の名	海象（湖），水中動物の名
島の名，海峡（水道・瀬戸を含む）の名 種別に番号を付したもの	島の名
	海峡の名
種別に番号に付したもの	種別に番号を付したもの
半島（岬を含む）の名 種別に番号を付したもの	半島の名
	種別に番号を付したもの
名所旧跡の名，種別又は船型に番号を付したもの	名所旧跡のうち主として風光明びな土地の名
	名所旧跡のうち主として峡谷の名
	名所旧跡のうち主として海浜（浦）の名
	名所旧跡のうち主として海湾の名
	名所旧跡のうち主として山又は氷河の名
	名所旧跡のうち主として岬の名
	名所旧跡のうち主として城の名
	名所旧跡のうち文明・文化に関係する土地の名
	名所旧跡のうち主として湖の名
	その他
	種別に番号を付したもの

写真 1・34・c　輸送艦「おおすみ」
全長　178.0m／幅　25.8m／喫水　6.0m／主機　ディーゼル2基2軸／出力　27,000馬
力／速力　22ノット
今迄の LST と全く異なる外観で，全通甲板で船橋が右舷にあり，ヘリ空母のように見え
る。写真は搭載している輸送用エアクッション艇が艦尾から艦内に入るところである。

りゅう」等の「りゅう」で統一しているものがあります。さらに「たいげい」，
「はくげい」といった「げい」で統一したものが就役予定です。艦番号は501
から順に付けることになっています。

　機雷に関しては敷設と掃海があります。わが国では，掃海母艦に敷設装置を
備え，掃海母艦の機能と敷設艦としての機能の両方を持たせており，機雷敷設
艦はありません。機雷敷設装置は，有事の際，海峡や港湾を守るため，短時間
に大量の機雷を敷設することのできる装置です。

　掃海母艦は，掃海艦，掃海艇からなる掃海部隊の支援を主要な任務としてお
り，旗艦としての司令部施設を保有し，掃海艇に燃料，糧食等の補給を行いま
す。記号は MST で艦番号は463番から付し，艦名は「うらが」「ぶんご」と水
道の名を付けています。

　掃海艦は記号 MSO，基準排水量1,000トンで深深度掃海装置を備えていま
す。艦番号301からで「あわじ」のように島の名を付しています。掃海艇は記
号 MSC，艦番号601からで，基準排水量510トンまたは570トンで「やくし

ま」「はつしま」のように島の名を付しています。

　また，最近の護衛艦は駆潜機能が充実しているため，潜水艦用の爆雷，魚雷等を装備した駆潜艇は必要がなくなり，駆潜艇という艦種も削減しました。

　ミサイル艇は魚雷艇に替わり配備されました。記号PG，艦番号821からで基準排水量は200トン，長さ50mで16,200馬力のガスタービン3基とウォータージェット推進装置により44ノットの高速で航行します。

　輸送艦は，アメリカのLSTを参考にして設計され，船首部は観音開きとなり，海岸に乗揚げて車両を陸揚げできます。船橋前部にはガントリー・クレーンが装備されており，小型輸送艇を搭載します。記号はLST，艦番号は4001から，艦名は半島，岬の名を「しもきた」，「くにさき」のように付します。

　艦番号4001の「おおすみ」は，輸送用エアクッション艇（LCAC，**第1・34図**）を2艇搭載し，LCACにより兵員，機材の陸揚を行う最新鋭の輸送艦 **(写真1・34・c)** です。全通甲板で一見するとヘリ空母のように見え，約1,000人を搭載可能です。

(9)　海上保安庁の船艇

　海上保安庁は，運輸省の外局として昭和23年に設置され，わが国の領海警備，領海および周辺海域での密輸，密漁，密航などの海上犯罪の取締り，海上交通の安全，海上公害の監視等を行っています。また，遭難船の救助，海図の作成や航路標識の整備など海上での安全を守るために幅広い活動をしています。これらの活動をするため2021年4月1日現在，巡視船144隻，巡視艇238隻，特殊警備救難艇71隻，測量船15隻，灯台見回り船6隻，教育業務用船3隻を全国の海上保安部署等に配備し，365日，24時間活躍をしています。巡視船と巡視艇の違いは大きさの違いです。巡視船艇の船体には「PLH」「PC」などの記号が記されています。「P」はパトロール，「C」は艇，「L・M・S」は大きさ大・中・小，「H」はヘリコプターを表します。PLHは大型巡視船でヘリコプター搭載型，PLは大型巡視船，1,000トン型以上，PMは500トン型以下，PCは200トン型以下を表しています。

　巡視艇は活動が基地周辺海域に限られますが，巡視船は基地から遠く離れた

海域までを活動範囲としています。巡視船艇の船名は大きさにより古い日本の国名，半島，河川，山，雪，波などから付けられ，番号は建造の順に付けられます。

　海上警備を行う巡視船は，単独で行動するのが基本であり，任務の遂行のためには十分な速力，航続距離，探知能力，指揮通信能力，警察力を果たすための適切な武装・装備が必要です。海上での災害には船舶の火災，衝突乗揚げ，沈没等に加え，それに伴う油や有害液体物質の排出，台風，地震，火山の噴火などによる自然災害による被害者の救助やヘリコプターによる迅速な輸送力，巡視船が収容した要救助者に救急救命処置を行う人員と装備，速やかに医師による医療行為を受けさせる体制がなくてはなりません。消火機能や油防除などの特別な機能を持つ巡視船の配備も必要です。

　巡視船のうち，特に特殊海難等に対応するため救難体制強化を指定された巡視船を「救難強化巡視船」といい全国 11 管区に 1 隻ずつ 11 隻が指定されています。第 3 管区の海難強化巡視船「いず」は総トン数 3,768 トン，全長 110.4m の大型船で，多目的使用を考慮した大会議室と対策本部としての使用を考慮した小会議室を設置，2 基の手術台を備えた医務室，救難活動従事者用施設を備えています。

　巡視船艇は，全国の海上保安部署等に配備され，領海・排他的経済水域等の海洋権益の保全および海洋秩序の維持，海難救助，海上災害の防止，海洋汚染の監視取締りなどを行っています。

　海上保安庁では，海上における事件・事故の緊急通信用電話番号「118 番」および「海上における遭難及び安全に関する世界的な制度（GMDSS）」に基づき 24 時間体制で海難情報の早期入手と初動対応までの時間短縮に務めています。

1・3　航行区域による分類

　船舶安全法では，船舶の航行区域を次の 4 区域とし，これにより船舶の構造，通信設備，救命設備，定員などが定められています。

例えば，東京〜八丈島間に就航していた「すとれちあ丸」は，近海区域の定員は1,700名ですが，沿海区域ですと，2,250名乗せられます。

①　平水区域：湖，川および港内の水域ならびに港湾の特定の水域

②　沿海区域：海岸から20浬以内の水域および関門〜釜山間の航路のように特定の定められた水域

③　近海区域：東は東経175度，南は南緯11度，西は東経94度，北は北緯63度の線により囲まれる水域

④　遠洋区域：全ての海域

なお，漁船の場合は，魚を追って航行するため商船と同じ航行区域を定めることは適切ではないので，主として操業する海域と漁法の種類によって第1種から第3種までの従業制限を設けています。

この他，航行区域による分類では，国際航海を行う船舶と国内航海のみを行う船舶に分類され，救命設備の設置基準などが規定されます。

1・4　外観上の分類

船楼（上甲板上の構造物で船側から船側に達しているもの。船首楼，船橋楼，船尾楼などがある。船側に達していないものは甲板室という）の位置により分類し，船の外観上の特性を表わし，代表的なものに次のようなものがあります（**第1・32図**）。

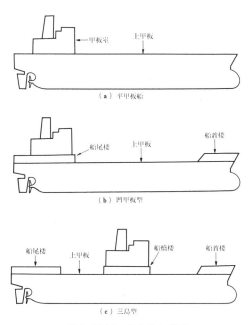

（a）平甲板船

（b）凹甲板型

（c）三島型

第1・32図　代表的な船型

①　平甲板船（Flash Decker）：船楼が少ない。大型タンカーに多い。
②　凹甲板船（Well Decker）：船首楼と船尾楼のあるもの。小型貨物船に
　　　　　　　　　　　　　　　多い。
③　全通船楼船：船全体が船楼。フェリー，PCC に多い。
④　三島型（Three Islander）：船首楼，船橋楼，船尾楼があるもの。昔の
　　　　　　　　　　　　　　　貨物船，タンカーに多い。

　この他，船橋や機関の位置も船の外観や機能に大きく影響します。最近の貨
物船は船橋および機関が両方共船尾付近にある船が多くなっていますが，客
船，フェリー，PCC は船首部に近い位置に船橋を，中央より後部に機関を配置
しています。軍艦，トロール漁船なども船橋は前寄りに配置しています。

　船楼の位置だけでは形状がはっきりしないので，例えば「船首楼付平甲板船，
準船尾船橋，準船尾機関型」のように表わすこともあります。

1・5　推進機関による分類

船舶の推進装置を動かす機関の種類により次のように分類されます。
①　ディーゼル船（Motor Ship, Motor Vessel, M. S., M. V.）
②　蒸気タービン船（Steam Ship, Steam Vessel, S. S., S. V.）
③　ガスタービン船（Gas Turbine Ship）
④　電気推進船（Electrically Driven Ship）
⑤　原子力船（Nuclear Ship）
⑥　その他（レシプロ船，ガソリン機関船，焼玉機関船等）

船名を英語で記すときは，推進機関の種類を略字で，M. V. Bremen Maru（デ
ィーゼル船「ぶれーめん丸」），N. S. Lenin（原子力船「レーニン号」），S. S. Nissei
Maru（蒸気タービン船「日精丸」）のように記載するのが慣習になっています。

1・6　航走時の状態と船体の型状による分類

航走時の船体の状態および船体の型状により次のように分類できます。

① 排水量型
  (Displacement)
  - 普通型（一般の商船，軍艦）
    (Shingle Hull)
  - 双胴型
    (Catamaran)
    - 普通型（フェリー，高速船，作業船）
    - 半没水型（高速船，作業船）

② 滑走型
  (Skimmer)
  高速艇

③ 水中翼型
  (Hydrofoil)
  - 半没翼型（高速船，水中プロペラ推進）
  - 全没翼型（高速船，水中ジェット推進）

④ エアクッション型
  (Air Cushion
    Hovercraft)
  - 完全浮上型（空中プロペラ推進）
  - 側壁型（水中プロペラ推進，水中ジェット推進）

(1) 排水量型

　排水量型は，航走時と停止時の喫水がほとんど変らない船で，大型客船，一般の貨物船は全て排水量型です。

　滑走型は，小型の高速艇に多く，航走時には浮上り，喫水は停止時よりずっと少なくなります。

　双胴型は，排水量型の船ですが，2つの船体を結合した船型です。2つの船体が作る波が互いに干渉し波を打消すので造波抵抗が減少すること，および船の幅を広くしても抵抗が増えないので甲板を広くとることができ，フェリー・ボートや作業船に用いられています。

　双胴船には，普通型（**写真1・35**）と半没水型（**第1・33図**）の2つの種類があります。半没水型は，排水量の主要な部分を没水船体として水面下に配し，これに浮力を受け持たせ，没水部分と上部構造物を流線型のストラットで結合した船です。このため，造波

写真1・35 普通型双胴船
普通の船体を2つ結合し，甲板を広くした海上保安庁の設標船「みょうじょう」（海上保安庁提供）

第1・33図　半没水型双胴船

水面下の没水船体が浮力の主要な部分を受持つ，造波抵抗が少なく，波浪による
排水量の変化が少ないので動揺が少ない。　　　　　　　　（三井造船提供）

抵抗が非常に小さくなる上に，波浪による速力低下も少なくなります。また，排水量部分が水面下にあるので，波浪による排水量の変化が少ないため動揺も少なくなるなど優れた特性があり，将来は，客船，海洋作業船などに広く用いられると予想されています。

(2) 水中翼型

水中翼型は，船底下に翼を付け，航走時に翼による浮力で船体を水面上に持ち上げ造波抵抗を減らす船型で半没翼型と全没翼型の2種類があります（**写真1・36, 写真1・37**)。

半没翼型は，翼が半分だけ水中に入っているので，波が高いと就航できませんが，全没翼型

写真1・36　半没翼型水中翼船

は，完全に水中に沈めて
いるので波に対する安定
度が増しています。

(3) **エアクッション型**

　エアクッション型は，
船体の下部に空間を設
け，空気をこの空間に吹
き込み船体を浮上させる
方式で，英国のホバーク
ラフト社の商標ですが，
一般にはホバークラフト
と呼ばれています。

写真1・37　全没翼型水中翼船「すいせい」
翼を水中の一定深度に保つために，コンピューター制
御を行う。3,800馬力ガスタービン2基によりポンプを
駆動し船尾より水を噴射するウォータージェットによ
り時速87km（47ノット）で航走する。（佐渡汽船提供）

　空中プロペラ推進方式
（第1・34図）は，船体
の全周に取付けた可撓式のス
カートによりエアクッションを
囲み，空中プロペラで推進しま
す。この方式は，船体が完全に
空中に浮上するので造波抵抗が
なく，非常に高速が出せる上
に，他の船舶が航行不能な浅い
水域や陸上も航行できるなど優
れた性質を持っています。

　これに対し，側壁型**（第1・35
図）**は，固定側壁を船体下部の
両舷全長にわたって延長し，ス
カートの役割を果たさせ，前後
部のみに可撓性スカートを設け

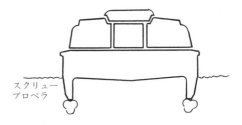

オフ・クッション時

スクリュー
プロペラ

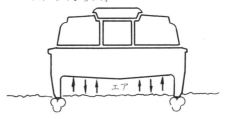

エア・クッション時

エア

第1・35図　側壁型エアクッション船（SES）
上は浮上していないとき，下はエアクッ
ションにより浮上したとき，ディーゼルエン
ジン，水中プロペラで推進。
軍用はガスタービン，水中ジェット推進の
もある。

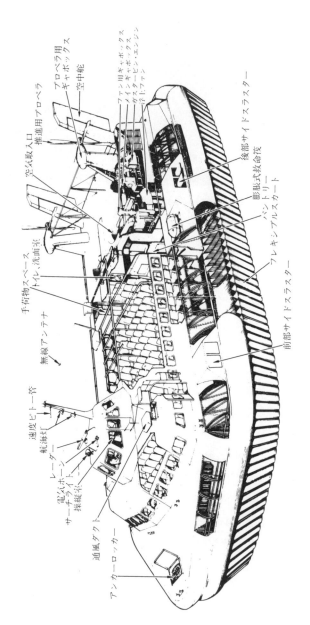

第1・34図　空中プロペラ型エアクッション船

エアクッション空間を形成します。船体が浮上しているときでも固定側壁は一部が水中に没しているので抵抗は増加しますが，水中スクリュー・プロペラ，水中ジェットなどが使用でき，空中プロペラの欠点である横すべり，騒音，低速時の操縦性の悪さが大きく改善されます。

　側壁型は，Surface Effect Ship（表面効果船，SES と略す）とも呼ばれ，軍用として各国で開発が進んでいます。

1・7　船体の材質による分類

船体の材質により次のように分類されます。
① 木　船
② 鉄　船
③ 鋼　船
④ 軽合金船
⑤ コンクリート船，フェロセメント船
⑥ FRP 船

　わが国では明治 16 年（1883）に 1,500 総トンの木船を建造した実績がありますが，現在建造されている木船は長さ 30m 未満のもので，それ以上の大きさの船は他の材質を用います。

　木船を建造する場合は，船舶安全法の船舶構造規則に従いますが，小型船造船業法により木船造船業について定められています。この法において，「木船」とは「総トン数 20 トン以上または長さ 15 m 以上の木製の船舶」とされています。

　鉄船は 19 世紀初めに出現しましたが，すぐに鉄よりも優れた鋼にとって代わられました。

　現在，東京商船大学（現：東京海洋大学越中島キャンパス）の構内に保存され，海の日の起源となった「明治丸」は鉄船の代表的なものです。

　鋼には，軟鋼（Mild Steel）と高張力鋼（Higher Tensile Steel）があります。高張力鋼は，軟鋼と比較すると高価ですが，引張りに対する性質が強いので，使

写真1・38　大型軽合金船「シーホーク2」
材質　耐蝕アルミ合金／総トン数　520トン／最大速力　30ノット／旅客
401名

用鋼材の肉厚を薄くすることができます。このため船体の重量が軽くなるので
載貨重量が増加します。しかし，板厚が薄くなるので設計にあたっては，腐蝕
や座屈に対する配慮が必要となります。

　25万トン型の原油タンカーの場合，使用鋼材の約75％が軟鋼，約25％が高張
力鋼で，高張力鋼は最も力のかかる船体中央部の甲板，船底外板などに用いら
れます。

　船舶に使用する鋼材の規格は，国際船級協会（IACS）が，化学成分，引張り
試験，熱処理などにより規格を定めています。

　今日，船舶に用いられる軽合金は耐酸アルミ合金がほとんどです。アルミ軽
合金は高価ですが，比重が鋼の1/3と軽いため船体重量を軽減できるので，主
として高速の必要な小型船に用いられます**（写真1・38）**。

　アルミ軽合金製の船舶の構造については，平成8年1月，運輸省（現：国土
交通省）において策定された高速船構造基準に従っています。なお，（社）日
本海事協会では高速船規則および強化プラスチック船規則を定めています。

　コンクリートの船体は，鉄筋コンクリートの一種であるプレストレス・コン

クリートが用いられます。1920 年前後に欧米では多くのコンクリート船が建造され，7,200 重量トンのタンカーも出現し，荒天にも十分耐え，航洋性もあることが実証されています。

　最近では，海上作業用の浮体構造物や艀などがプレストレス・コンクリートで建造されており，アメリカでは排水量68,000 トンのLPG貯蔵船が建造されています。

　フェロセメント船では，金網を補強材としたセメント・モルタルにより船体を構成するもので，外国では貨物船，漁船，艀，タグボート，作業船，上陸用舟艇，ヨットなど多くの種類の船が建造されています。

　FRP は，鉄よりも強く，木よりも軽いと宣伝されていますが，FRP が鋼や耐蝕アルミ合金と比較して優れているのは，引張強さを比重で割った比引張強さです。船舶の構造材としてのその他の機械的性質は鋼や軽合金の方が優れているようです。

　FRP は化学的性質に優れ，海水に対して強く，腐蝕せず，保守が容易です。FRP 船の船殻重量は，鋼船より軽くできますが，軽合金より重くなるといわれています。FRP は成型のための型を作るのに費用がかかるため，同型船を数多く造る場合は有利ですが，一隻だけ建造するのでは引合いません。したがって，量産型の漁船，ヨット，モーターボート，哨戒艇，上陸用舟艇などが FRP で建造されています。

第2章　船舶に関する基本用語

　以下に説明する用語は，船舶の要目を記載した㈳日本海運集会所発刊の「日本船舶明細書」，ロイズ船級協会発刊の「Lloyd's Register Book」を見たり，船舶に関係する業界紙を読むのに最低限必要な用語です。

2・1　船　　名

　わが国の船舶は，船舶法により船首両舷および船尾に船名を記載することが定められています。また，船名の末尾にはなるべく「丸」を付けることが勧告されていました。

　古来，日本の船名には伝統的に「丸」を付しており，国家がこれに従うことを 2001 年まで勧告していましたが，それ以前からフェリーや一部の外航船にはこの勧告に従わず，「ジャパン・コスモ」，「ペガサス」「あめりかん　はいうえい」などの船名が付けられていました。

　船名の付け方は，船会社によりある程度統一されており，日本郵船の PCC は「星座＋LEADAR」，川崎汽船のケープ（CAPE）サイズバルカーは「CAPE＋花の名前」などの船名が付けられています。鶴見サンマリンは「鶴明丸」，「鶴佑丸」といったように自社船に社名の 1 文字を入れて船名を付けています。船名によって船社や船種がわかることも多いです。

　外国船社では，地名，人名にちなんだものが多く，アメリカン・プレジデント・ライン社では「President Kennedy」，「President Roosevelt」，「President Wilson」のように歴代の大統領の名前を付しています。ドイツのハパグ・ロイド社では，コンテナ急行便（Express Container Service）に従事するコンテナ船に「Tokyo Express」，「Brussels Express」，「New York Express」のように地名と Express を組み合せています。

　このような船名の付け方に対して，「王郵丸」，「神王丸」といった荷主の名前と会社を表す漢字 1 文字ずつ組み合わせた船名もあります。

2・2　船 舶 番 号

　船舶には，自動車のナンバーと同じように，船舶原簿に登録すると船舶番号（Official Number）が付与され，この番号を総トン数，純トン数と共に彫刻して見やすい場所に標示することが義務付けられています。通常は，船橋の下方，中央部に取付けてあります（**写真 2・1**）。

2・3　信 号 符 字

　信号符字（Signal Letter または Call Sign）は，船舶法により，総トン数 100 総トン以上の船舶に付すことが規定されている符号で，これは

写真 2・1　船舶番号の標示板
船舶法に定められた船舶番号，信号符字，総トン数，純トン数などの表示板。

無線通信の呼出し符号としても用いられます。符号の付け方は電気通信条約で定められており，各国別に使用できる符号が定められています。

　信号符字はアルファベットの 4 文字が組み合されており，上記条約によりわが国には J を頭文字とするものが与えられていました。NHK の東京第一放送が JOAK，第二放送が JOBK という符号を用いているのもこの条約によるものです。しかし，近年，無線局や船舶の増加によりアルファベッド 4 文字だけでは対処できなくなり，数字を頭文字とするものおよび 6 文字のものも用いられるようになりました。船舶に対する信号符字は次のような規準で与えられています。

　①　無線電信を有する船舶

J＋アルファベットA〜Sの1文字 ⎫
7＋アルファベットJ〜Sの1文字 ⎬のいずれかを頭文字とする4文字
8＋アルファベットJ〜Nの1文字 ⎭

　　例　JIVX

　　　　7LBH

　　　　8ISY

なお，JSを頭文字とする信号符字は一般船舶には使用ず防衛省の使用船舶にのみ使用される。

　㋺　無線電信を持たずに無線電話のみを持つ船舶または両方共持たない船舶

　　J＋アルファベットD〜Mの1文字を頭文字とする6文字

　　　例　JH2239

2・4　船　籍　港

船舶には人間の国籍に該当する船籍があり，船舶法第1条に定められています。さらに同法第4条には日本籍船については日本に船籍港を定め，その船籍港を管轄する国土交通省海事局に総トン数の計測を申請すること，および，細則第44条に船籍港を船尾の見やすい場所に船名と共に表示することが定められています**(写真2・2)**。

船主が日本人だからと言って必ずしも船籍が日本であるとは限りません。船籍を外国に移す理由はいくつかあります

写真2・2　船名と船籍港の標示
法律により船尾に標示された船名と船籍港。（日本郵船提供）

が，その一つが登録税などの税金問題です。伝統的な海運国と比較して船舶の
税金を非常に低率にして外国の船舶を自国に登録するように誘致し，船舶の税
金を国家の主要な収入としている国があり，そのような国を便宜置籍国と言い
ます。船籍国別商船船腹量（総トン数）はパナマ共和国，リベリア共和国，マー
シャル諸島の3国で世界の約4割を占めています。パナマ共和国のパナマ，リ
ベリア共和国のモンロビア，マーシャル諸島のマジュロ等を船籍港とする船舶
のほとんどは，実質的な船主は外国にいるものです。このような船舶を便宜置
籍船（FOC : Flag of Convenience）と呼びます。

2・5　長　　　さ

　船の長さ（Length）は，関係する法規により，それぞれ定義の仕方が異なり，
全長，登録長，垂線間長，水線長などの長さがあります **（第2・1図）**。

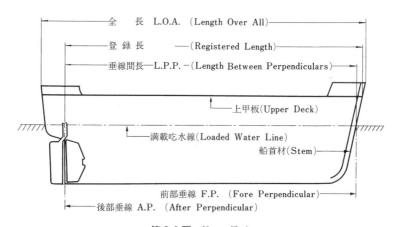

第2・1図　船 の 長 さ

(1)　**全　長**（Length Over All, LOA, Loa）

　船体の縦方向の長さを水平距離で計測したものです。国際海上衝突予防規則
に関する条約，海上交通安全法などの航海関係の国際条約や国内法では，長さ
の基準として全長が用いられています。

⑵　**登録長**（Registered Length）

船舶法により船舶原簿に登録される長さです。船首材の前面より船尾材の後面に至る長さを，上甲板の下面において水平距離で計測します。

⑶　**垂線間長**（Length Between Perpendicular, LPP）

満載喫水線上の船首材の前端から舵柱（舵を支えるための船体の一部，最近の船では舵柱のないものが多い）または舵頭材（舵の軸でこれを中心に舵が動く）の中心までの距離を水平距離で測った長さです。

垂線間長は，船舶安全法関係で用いられます。

2・6　幅

船の幅（Breadth）には，型幅，最大幅，登録幅などの語が用いられます。型幅は外板の内側から内側までの横方向の距離の最大のものです。登録幅も型幅と同じ計測方法ですが，型幅が主に造船用語として用いられるのに対し，登録幅は法律用語として使われます。

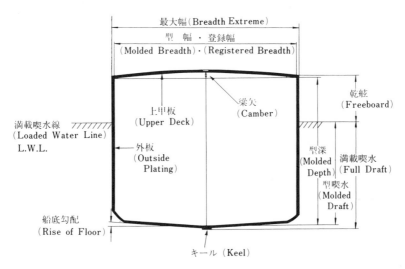

第2・2図　船の幅，深さ，喫水等

最大幅は，船体の外側より外側まで横方向に計測した最大のものです**(第 2・2 図)**。

2・7　深　　さ

船の深さ（Depth）を表わす用語には，型深（Molded Depth）が用いられます。これは，垂線間長の中央部で，舷側において上甲板の下面からキールの上面までの垂直距離をいいます。

また，船の水線下の深さを表わすのに喫水（Draft）という言葉を用います。夏期満載喫水線からキールの上面迄の距離を型喫水（Molded Draft），キールの下面迄の距離を満載喫水（Full Load Draft）といいます **(第 2・2 図)**。

2・8　航 続 距 離

燃料の補給を行わないで連続して航海のできる最長距離を航続距離といいます。これは船舶の種類，就航航路などにより異なり，燃料消費量，すなわち主機の種類と馬力，および燃料搭載量により定まります。1 日の燃料消費量は，1 万馬力当り蒸気タービンで約 45 トン，ディーゼル機関で 30 数トンです。

軍艦を除き，船の大きさの割に燃料消費量の多いのは，高速で航海するコンテナ船や高速フェリーです。

例として，C 重油の収容量約 6,300 トンの VLCC の航続距離は 26,000 浬程度，C 重油の収容量約 4,000 トンのパナマックスバルカーは 17,900 浬程度，高速で航海する 14,000TEU のコンテナ船は C 重油の収容量は約 8,600 トンで 19,000 浬程度です。機関の種類や走り方により航続距離は変化しますが，漁船，航洋曳船などは船型が小さい割に航続距離は非常に長く，1,000 トン程度の漁船でも 20,000 浬の航続距離があります。大型内航船の航続距離は 3,000 浬程度のものが多いようです。

2・9　機関の出力

機関の出力を表わす単位として馬力が用いられていましたが，国際単位系の

採用により国際条約や法律など公的なものでは馬力に代わりワットが用いられ
ています。しかし，実用面では，長い使用実績のある馬力が依然として使用さ
れているため，出力表示にはキロワットと共に馬力が併記されることが多いで
す。馬力にはメートル馬力と英馬力があり，わが国ではメートル馬力を用いて
います。メートル馬力は 1 秒間に 75kg 重の物体を 1 m 動かすのに必要な仕事
量で 735.5 ワットに相当し，PS と略されます。英馬力は HP と略され 746 ワッ
トです。

　機関の馬力は計測する場所により次のような種類があります。

① 図示馬力（Indicated Horse Power, IHP）：機関内部で発生する馬力

② 制動馬力（Brake Horse Power, BHP）：機関外部に取り出すことのでき
　る馬力

③ 軸馬力（Shaft Horse Power, SHP）：スクリューを回す軸に伝達される
　馬力

　蒸気往復動機関では図示馬力，ディーゼル機関では制動馬力，タービン機関
では軸馬力を用いるのが普通です。

第2·1表 船舶の種類と馬力

船名	船の種類	総トン数	載貨重量トン数	総トン数／載貨重量トン数	速力（最高）	主機関出力（1PS＝735.5W）	1重量トン当たりの馬力
MADRID BRIDGE	コンテナ	152,068	144,460	1.1	25.05	48,900kW (66,485PS)	0.5
SHINWA - MARU	鉱石専用船	150,981	292,842	0.5	17.60	22,693kW (30,854PS)	0.1
MAIZURU BISHAMON	ばら積専用船	48,029	86,772	0.6	16.98	12,240kW (16,642PS)	0.2
ENEOS OSEAN	油送船	160,377	306,991	0.5	16.31	23,620kW (32,114PS)	0.1
EURASIAN HIGHWAY	自動車専用船	37,577	18,414	2.0	21.90	13,260kW (18,029PS)	1.0
きたかみ	フェリー	13,694	6,932	2.0	24.18	16,000kW (21,754PS)	3.1
ひなた	内航タンカー	3,796	4,999	0.8	13.00（航海速力）	2,941kW (4,000PS)	0.8
きりしま	護衛艦	—	7,250 基本排水量	—	30.00	100,000PS	13.8

なお，機関の出力の表示には，連続最大出力（Max Continuous output Rating，MCR）と経済出力または常用出力（Normal output Rating，NOR）の 2 つの表示方法があります。MCR に対する NOR の割合は機関によって異なりますが，この 2 つの関係を例をあげて示すと次のようになります。

連続出力　　　　　　12,000 馬力

経済出力　　　　　　12,000 × 0.85 ＝ 10,200 馬力

シーマージン 15%　10,200 × $\dfrac{1}{1.15}$ ＝ 8,870 馬力

　すなわち，連続最大出力 12,000 馬力のディーゼル機関を備えた船の経済出力は 10,200 馬力であり，満載航海速力はシーマージンを 15% とり，8,870 馬力に対する速力として，計算上で求めます。シーマージンは，風浪，船底汚損などを考慮した余裕で 15% とることが慣習となっています。

　単位重量当りの馬力は船の種類により異なり，軍艦では ULCC の 100 倍以上，フェリーでは 30 倍以上となっています（**第 2・1 表**）。

2・10　速　　力

　船の速力はノット（Knot, kn）で表わされ，1 ノットは 1 時間に 1 マイル航行する速さです。船舶で使用するマイルは海里または浬と書かれ，1 マイルは 1,852 メートルです。英語では Nautical Mile（nm と略す）と記して陸上のマイル（哩）と区別します。

　速力の表示は最高速力，または満載航海速力でなされます。最高速力は，船が完成したときの公式試運転において，船を最もスピードの出る状態にして計測されます。満載航海速力は，船舶が満載状態で経済出力で航海するときの速力です。

　機関出力と速力の間には次の関係があります。

馬力∝速力^3（単位時間）

　すなわち，速力を 2 倍にするには 8 倍の馬力が必要です。燃料消費量は馬力と比例するので，単位時間当りの燃料消費も 8 倍になります。同一距離を高速で航行すれば航走時間は短くなるので，燃料消費量と速力の関係は次のように

なります。

$$燃料消費量 \propto 速力^2（同一距離航行）$$

すなわち，同一の距離を 2 倍の速力で航走すれば，燃料の使用量は 4 倍になります。

また，船型が大きくなるほどトン数のわりに小さな馬力で所定の速力を得ることができます。第 2・1 表に示すように，最高速力 15.5 ノットの 48 万トンタンカーの 1 重量トン当りの馬力はわずか 0.1 馬力です。これに対し，最高速力 12.6 ノットの 714 トンの内航貨物船は 1 重量トン当り 1.4 馬力で上記タンカーの 14 倍ですが，速力は約 3 ノットも遅くなっています。

2・11 載 貨 能 力

船舶の貨物積載能力は重量または容積で表示されます。重量で表わすのが載貨重量トン数で，容積は貨物を積載する空間を立方フィートまたは立方メートルで表示します。

船舶が専用船化され，特定の貨物だけを積載するようになると積載能力の表示方法も異なってきます。コンテナ船では 20 フィートのコンテナが何個積めるかということで表示し，TEU（Twenty Feet Equivalent Unit）という略語が用いられます。また，自動車専用船は乗用車が何台積載できるかということで表示します。

2・12 ト ン 数

昔，船の大きさを酒樽（Tun）がいくつ積めるかということで表示したことから，船の重量や容積を表わす単位として ton が用いられるようになったといわれています。15 世紀頃には，船で運ばれるイギリスの酒樽は容積 40 立方フィート，重さ 2,240 ポンド（1,016kg）の一定の容積，重量を持つようになったということです。

このような訳で，貨物の容積 40 立方フィートが 1 トンになりこれを容積トン（Measurement Ton）といい，重量 2,240 ポンドを 1 ロング・トン（Long Ton）

というようになりました。ロング・トンは海運界では広く使われており，世界の船舶の要目を記載したロイズ船名録でもロング・トンを使用しているので注意が必要です。1ロング・トンは1.016キロトンです。

定期船で貨物を輸送する場合，貨物を容積トンと重量トンで表わし，どちらか大きな方で運賃を支払います。運賃の基準となるトン数をレベニュー・トン（Revenue Ton）といいます。なお，40立方フィートは1.133立方メートルなので，最近では1立方メートルを1トンとするのが一般的となっています。

わが国では，船の大きさを表わすのに石数が用いられましたが，時代により測り方が変っており，明治16年（1884）に公布された船舶積量測度規則では1石が10立方尺と定められました。

今日の船舶では，総トン数，純トン数，排水トン数，重量トン数を用いていますが，パナマ運河やスエズ運河では通航料の基準となるトン数をそれぞれ独自の方法で定めており，パナマ・トン，スエズ・トンと呼ばれています。

2・12・1　総　ト　ン　数

総トン数（Gross Tonnage, GT）は，課税，水先料金，船舶検査料などの基準として使われています。また，各種の統計も総トン数に基いて行われています。

このように重要な総トン数ですが，計測の仕方が各国まちまちであり，国連の専門機関であるIMCO（政府間海事協議機関，現在のIMO）において「1969年の船舶のトン数測度に関する国際条約」（1982年7月発効）が制定され，初めて世界的に統一されることになりました。わが国では1980年4月に船舶のトン数の測度に関する法律が成立し，国際条約の発効とともに施行されました。

従来のトン数は，船舶の内容積を基準にしたもので，船体内部の総容積（囲まれた容積）から二重底区画，上甲板より上にある航海，安全，衛生に関する場所等を控除した容積を $\dfrac{1,000}{353}$ ㎥（100立方フィート）を1トンとして表わしたものです。控除する場所は各国がそれぞれ定めているので，わが国の規則に

より計測すると 10,000 トンの船舶が，アメリカの規則によれば 7,000 トンにし
かならないといった不合理なことが生じていました。

　これに対し，新しい総トン数は型容積，すなわち外板の内側から外板の内側
までの全ての容積が算定され，二重底や操舵室を控除するといったことはあり
ません（**第2・3図**）。このためにトン数が大きくなり従来のトン数との差が生じ
ることは不都合であるため，従来の総トン数と大きく変ることのないよう計測
した容積（V）に係数（$0.2 + 0.02 \times \log_{10} V$）を掛けてトン数を算出します。し
たがって，100 立方フィートを 1 トンとするというような単位ではなくなり，
容積の大きさに応じたある係数を掛けることによって出てくる数字にトンとい
う符号をつけて表わすことになったわけです。

　一層甲板の内航船では，条約による総トン数と従来のトン数との間に大きな
差が出てきてしまいます。そのため，4,000 トン未満の船舶は条約による総ト
ン数に一定の係数を掛けて，国内で使用するわが国独自の総トン数を算出しま
す。わが国ではこれを「総トン数」と呼び，条約の規定に従い国際航海に従事

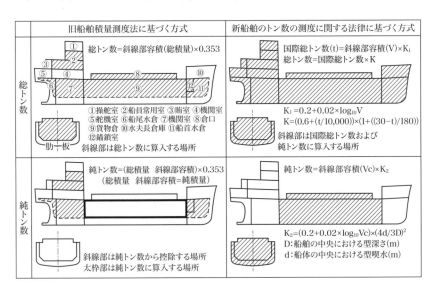

第2・3図　新旧トン数の比較

する船舶について計算したトン数を「国際総トン数」と呼びます。総トン数の
算出は国際総トン数や甲板数により係数が異なります。詳しくは船舶のトン数
の測度に関する法律施行規則 (トン数法施行規則) を参照すると良いでしょう。
また，「国際総トン数」はわが国だけの呼び方で，条約では単に「総トン数

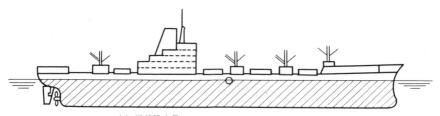

　　　　(a) 満載排水量：
　　　　　　基準喫水線まで人又は物を積載した場合の排水量。

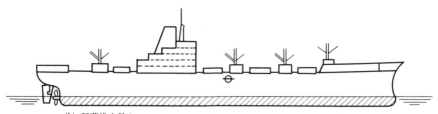

　　　　(b) 軽荷排水量：
　　　　　　貨物,人,燃料,潤滑油,バラスト水,タンク内の清水及びボイラ水,消耗貯蔵品。
　　　　　　並びに旅客及び乗組員の手廻品を積載しない状態における排水量。

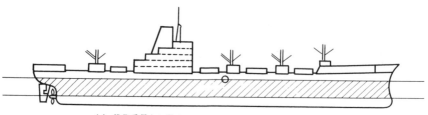

　　　　(c) 載貨重量トン数：
　　　　　　満載排水量から軽荷排水量を差引いた排水量をトンで表す。

第2·4図　重量で表わすトン数

（Gross Tonnage）」と記されます。

2·12·2　純 ト ン 数

　純トン数（Net Tonnage, NT）は，旅客または貨物の運送の用に供する場所の大きさを表わし，主に税金徴収のために用いられます。

　従来の純トン数は，総トン数から機関室，船員室などの稼働容積でない部分の容積を控除し，100立方メートルを1トンとして表わします。総トン数と同じく国際条約および国内法で純トン数の算出方法が定められていて，商用に供する容積（Vc）に係数 $(0.2+0.02 \times \log_{10} Vc) \times (4d/3D)^2$ を掛けて純トン数を算出します（d：船の長さの中央における型深さ下端から基準喫水線までの垂直距離をメートルで表した数値，D：船の長さの中央における型深さをメートルで表した数値）。ただし，旅客定員や国際総トン数に対する純トン数の割合等により算出方法が異なるため，実際に算出するときはトン数法施行規則を確認すると良いでしょう。

2·12·3　載貨重量トン数

　船舶が満載喫水線まで貨物，燃料，清水などを積載したときの重量と軽貨状態の重量との差を載貨重量トン（Dead Weight Tonnage, DW または D/W）といい，貨物船では最も一般的に使用されるトン数です**（第2·4図）**。

　わが国では1,000kgを1トンとするキロトン（KT）が使用されますが，イギリス，アメリカなどでは2,240ポンドを1トンとするロングトン（LT）で表示することが少なくありません。1 LT は1.016047KT です。

　載貨重量トン数は，燃料，清水，潤滑油などの重量を含んでいるので，載貨重量トンだけの貨物は積載できません。しかし，載貨重量トン数はタンカーや鉄鉱石船等で使用され，船の大きさの目安となります。

2·12·4　満載排水トン数，満載排水量

　船が水に浮んでいるときは，水線下の体積と等しい水を排除し，排除された

水の重量と船の重量が同じにな
ります。この排除された水の量
を排水量といい，重量で表わし
たのが排水トン数です。船の喫
水により排水量（重量）は異な
るので，満載喫水線まで沈んだ
ときの重量を満載排水トン数
（Full Load Displacement Tonnage）
といいます。

　排水量は主として軍艦の大き
さを表わしたり，船の運動性能
の計算を行うのに用いられま
す。軍艦では，艦の状態により
満載排水量，基準排水量，常備
排水量が使われます。

　基準排水量は，1921 年のワシ
ントン軍縮条約で各国の軍艦の
排水量の算定方式を統一するた
めに定められたもので，乗員が
乗組み，兵装，弾薬類，消耗品
などは定額搭載していますが，
燃料と余備のボイラー水は搭載
していない状態の排水量です。

写真 2·3　ドラフト・マーク（喫水標）
文字の大きさ，文字と文字の間は 10cm。14m
20cm 以下は舵のため記せないので前方（写真
には写っていない）に記載されている。喫水
標は，船首，船尾，中央部の各両舷に記され
ている。

2·13　喫　水（吃　水）

　船体の水面下に沈んでいる深さを喫水（吃水，Draught（英），Draft（米））
といい，これを表わすため，船首，中央，船尾に目盛りが記されています。目
盛りは船底のキールの下面からの高さを表わし，わが国の船舶は 10 センチ毎

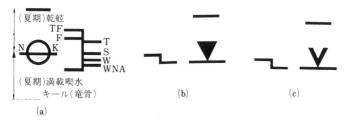

第2·5図　満載喫水線

(a) 近海以上を航行する船舶の満載喫水線。
(b) 沿海区域を航行区域とする長さ24m以上で国際航海をしない
　　船舶の満載喫水線。
(c) 総トン数20トン以上の漁船の満載喫水線。
(a)の略字NKは日本海事協会の略で船級認証を受けた機関の略が
記される。TF, F, T, S, W, WNAはそれぞれ熱帯淡水，夏期淡水，熱
帯，夏期，冬期，冬期北大西洋の喫水線を示す。(b), (c)の左の線
は上が淡水，下が海水を示す。

（数字は20センチ毎であるが字の大きさが10cmであり，10センチ毎と同じ）
に記されていますが，欧米の船はほとんど1フィート毎の目盛りとなっていま
す（**写真2·3**）。

　船の排水量は喫水を読んで計算しますが，排水量から船体，燃料，清水等の
重量を差し引くと積荷の重量が算出できます。非常に正確に貨物の重量が計算
できるので商取引にも使われます。

　船が橋の下を通過する場合は，水面からマストの頂上までの高さが問題とな
ります。水面から船の一番高いところまでをエア・ドラフト（Air Draft）とい
います。

2·14　乾　　　舷

　水面から上甲板までの高さを乾舷（Freeboard, **第2·2図**）といい，船体中央
部には，喫水を表わす数字と共に第2·5図のような記号が記されています。こ
れが乾舷標，満載喫水線標，プリムソル・マークなどと呼ばれるものです。

　船が荷物を積み過ぎると強度や浮力が不足し安全性が損われます。このた
め，国際満載喫水線条約を定め，船の種類，航行区域，季節等により，船舶が
ある程度の乾舷を保つことを規定しています。乾舷標はこの条約に基き標示さ

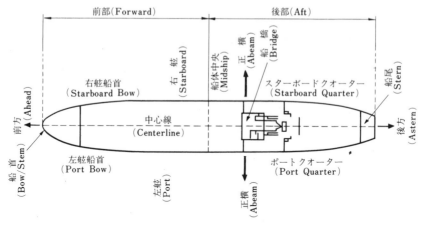

第 2·6 図　船の部位を指す用語
→は船からの相対方向を指す

れていて，船舶に標示する満載喫水線の種類，適用される帯域または区域，適用される季節または期間およびこれらに対する乾舷が決められています（巻末「船舶満載喫水線用帯域図」参照）。T，S，Wなどの記号は，全世界の海を気象，海象を考慮し，夏期帯，冬期北大西洋帯などに区分し，その海域を航行するときはその海域に該当する線が水面下に没しないことにより十分な乾舷を保つためのものです。

2·15　船の部位を表わす用語

(1)　**船　首**（Bow, バウ）

フォア・マストのある付近から前の船の前部を漠然と指しますが，最先端をいうこともあります。英語では，最先端をステム（Stem）といい，古い日本語では「水押し」といいます。

方向を指すときにも使われ，右船首 2 点（1 点は 11.25 度）のようないい方をします。

(2)　**船　尾**（Stern, スターン）

船の後部を漠然という場合と最後部を指す場合があります。

(3) 右舷（Starboard, スターボード）

中心線から右を右舷といい，英語ではスターボードといいます。これは，スティア・ボード（Steer Board）の訛ったものです。昔の舵は今日の船のような船尾舵でなく船側に付けていました。船側舵は，右舷に付けられることが多く，特にバイキング船の舵は必ず右舷側でした。右舷で操舵（Steer）するため，右舷を操舵する舷（Steer Board）といい，スターボードというようになりました（**第2・7図**）。

第2・7図 バイキング船
右舷船尾に付した舵で操作する（Keble Chatteton による）

船長の居室も伝統的に右舷に設けられており，伝統を重んじる海軍では，艦長がボートで乗下艦するときは右舷側の舷梯を使用します。

(4) 左舷（Port, ポート）

中心線の左を左舷といい，英語ではポートといいます。これは，昔右舷に舵を付けていたので左舷が岸壁側すなわち港（Port）側となっていたためです。今日，航空機が左舷側の出入口を用いて乗降りしますが，これは航空機が船の伝統を引継いでいるためです。

(5) クォーター（Quarter）

船橋から後部の両舷をクォーターといいますが方向を指すのにも用い，正確な意味で用いるときは，船尾から45度の方向を指します。しかし，このように正確な用い方をすることは少なく，ほぼこの方向であればクォーターといっています。

第3章 船体の構造

3・1 船体に加わる力

船体の構造上の第一要件は水密性であり，外板，船底外板，甲板により水密
が保たれています。しかし，貨物や旅客を搭載し航海をするには水密性だけでは十分でなく，波浪の衝撃，うねりによる曲げモーメント，浮力と重力による剪断力，貨物の荷重などに耐える構造でなければなりません。

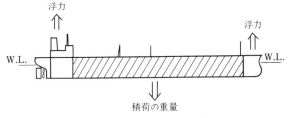

(a) 貨物を満載したときの船体を曲げる
力。船体はサグとなる

(1) 曲げモーメント

船が満載したときは，第3・1図 (a) のように船首尾が浮力で浮上り，中央部が貨物の重量で下り，船体は第3・1図 (b) のように曲ります。

この状態をサグ（Sag）といい，大型船

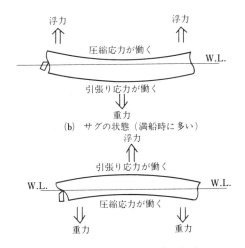

(b) サグの状態（満船時に多い）

(c) ホグの状態（空船時に多い）

第3・1図 船体の縦方向に受ける力

では中央部と船首尾の喫水の差が 30cm 以上になることもあります。

　逆に空船のときは，船首尾部のバラスト，機関，燃料が船首尾部を下方へ，中央部の空の船艙が浮力として上方へ働き第3・1図 (c) のように曲ります。豚の背中のような曲り方なのでこの状態をホグ（Hog）といいます。ホグ，サグは第3・2図のように波によっても起こります。

　ホグの状態では上甲板は引張られ，船底部には圧縮力が働き，サグのときは逆になります。

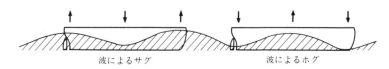

波によるサグ　　　　　　波によるホグ

第3・2図　波により船体の受ける浮力の変化

(2) 剪 断 力

　剪断は，物体のある面に平行に力が加わり，その面にそって物体をすべり切るように働く作用です。このような剪断作用をする力を剪断力といいます。船舶では，積荷をした船艙と空の船艙やタンクの間，積荷をしたタンクと空のタンクの間などに剪断力が働きます。

　第1・21図は鉱石をオルタネート・ローディングしたときの状態です。第1，3，5 番艙は下向きの重力，第 2，4 番艙は上向きの浮力が働きそれぞれの境界で大きな剪断力が働きます。

　この他，斜めから大きな波を受けると船がねじれるような力が働きます。

(3) 局 部 荷 重

　曲げモーメントと剪断力が船全体の強度であるのに対し，局部強度は，波により船首部分の受ける衝撃に耐える強度，タンク内でバラストや原油などが揺れて波が発生し隔壁に当たる力に耐える強度，貨物を積載したときに二重底が貨物の荷重に耐える強度など船体の一部分に加わる力に耐える強度です。

　造船工学は，経験工学であり，安全に航行している船舶の強度を参考にして

設計が行われます。このため，従来の船に比較し大馬力の船を建造したり，大型化すると今迄の船に見られなかった欠陥が表われてきます。

大馬力のディーゼル機関を装備した貨物船では，当初，船首船底が波にたたかれて洗濯板のようになる事故が相次いだ結果，船首部は補強されそのような事故は少なくなりました。昭和40年代の初めには，経済船型の開発が競争で行われた結果，船体に使用される鋼材を減少させたために，船体各部に亀裂が多発し経済性と安全性の調和が問題となりました(**第3・1表**)。その後，あまりに経済性を重視することへの反省が行われ今日に至っています。

工法についても，リベットによる建造から溶接工法へ移行した頃は，船が真二つに切断される事故が多発しました。今日では工法が原因のこのような事故は無くなりましたが，2013年に大型コンテナ船が真二つに切断される事故が発生したことを受け，船体強度の規制について再検討されることとなりました。

第3・1表　昭和40年頃建造された大型船で遭難または重大事故の発生した船舶

船　　名	船　種	重量トン	日　時	場　　所	積　荷
陽　邦　丸	タンカー	88,139	S43. 8. 9	アラビア海	原　油
ぼ り ば あ 丸	専用船	54,271	S44. 1. 5	野島埼沖	鉄 鉱 石
かりふおるにあ丸	〃	72,147	S45. 2. 9	〃	〃
菱　洋　丸	タンカー	96,227	S51. 9.11	豊後水道	バラスト
朝　陽　丸	〃	76,142	S54.12.20	バリ海(バリ島北方)	〃
尾　道　丸	専用船	56,341	S55.12.30	野島埼沖	石　炭
マルコナ・トレーダー	〃	64,427	S56. 3. 1	〃	〃

3・2　船体の構造方式

外板の厚みは非常に薄く，VLCCの最も厚い部分でも約3cmしかなく，船体の幅に比べると$\frac{1}{1000}$以下です。このため，薄い紙で作った凧や提灯が竹の骨により強度を保っているように，船体も骨により強度を保ちますが，この骨の入れ方に次の3方式があります。

① 横式構造（Transverse Framing System）：横方向のフレームを主体とする。

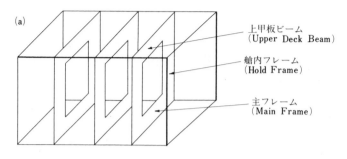

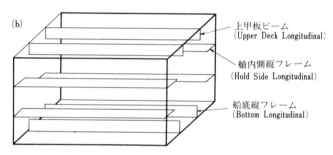

第 3·3 図　船体の構造方式の模型図
(a) は横式構造　(b) は縦式構造

 ② 縦式構造（Isherwood System）：縦方向の構造材を主体とする。

 ③ 縦横混合方式（Combined System）

 ①，②，を模型的に書くと第 3·3 図のようになります。

3·2·1　横 式 構 造

 横式構造（Transverse Framing System）は昔から行われている構造で，中小型船に広く採用されています。大型船は長さが長く，曲げモーメントが大きくなるため横式構造では十分な強度が保てません。

 第 3·4 図は 1 万トン級の定期船の断面図です。メイン・フレーム，リバース・フレーム，フレーム，デッキ・ビームが主たる骨組となっています。フレームとフレームの間隔は，中央部で約 80cm，船首尾の力のかかるところで約 60cm

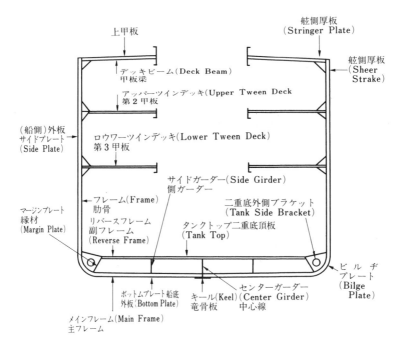

第3·4図　横式構造（定期船の横断面）

であり，合計約200のフレームが設けられています。

　フレームには，船尾から船首に向い順番に番号が付されており，船の縦方向の位置を表示するのにフレーム番号を用いることがあります。

3·2·2　縦式構造

　第3·5図はVLCCの横断面図です。縦方向に縦隔壁が走り，外板と縦隔壁には水平スチフナー，デッキにはデッキ・ガーダー，デッキ・ロンヂチューディナルなど，船底にはボトム・ロンヂチューディナル，バーティカル・ウェブ・スチフナーなどが配されています。

　ロンヂチューディナルは縦通材，トランスバースは横，ホリゾンタルは水平，バーティカルは縦を意味します。

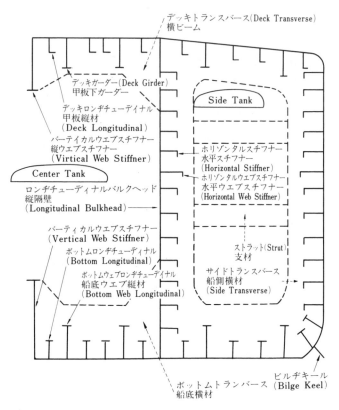

第3・5図　縦式構造（大型原油タンカーの横断面，半分のみ）
実線は縦強力材，点線は横強力材

縦構造（Isherwood System）の船は艙内に大きなウェブ・フレームがとび出しているため，一般貨物船では貨物が積みにくくなったり，無駄なスペースが生じることがありますが，船体重量は横構造より軽くできます。

3・3　主要な強力部材

3・3・1　縦 強 力 材

船体を変形，破壊させようとする外力に対し強度を保つ部材を強力部材といいます。船体の縦方向の力に対するものが縦強力材，横方向の力に対するもの

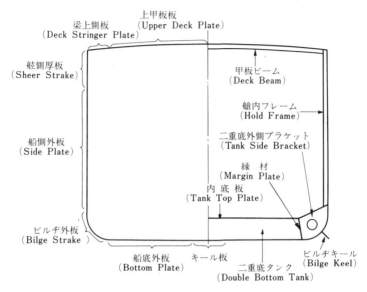

第3·6図 外板および甲板の部材の名称

が横強力材です。縦強力材には次のようなものがあります。

(1) 外 板 (Shell Plate)

外板の役割は船体を水密に保つことですが，縦強力部材としても重要です。外板は，その部位により第3·6図のように梁上側板，ビルヂ外板などの名称が付されています。それぞれの部位で受ける力が異なるので，鋼材の材質，板厚が異なりますが，27万トン型タンカーの中央部の材質の一例をあげると次のようになっています。

○ ラウンド・ガンネル（梁上側板と舷側厚板をビルヂ外板のように曲げて1枚としたもの）　　　　　高張力鋼 E　　　25.5mm
○ 船側外板　　　　　　　　　　　セミキルド鋼　　25mm
○ ビルヂ外板およびその隣接部　　高張力鋼 A　　　27.5mm
○ 船底外板　　　　　　　　　　　高張力鋼 D　　　27.5mm
○ 船底外板のバルクヘッドとの接続部　高張力鋼 H　　　27.5mm

　なお，中央部の板厚は，引張り，圧縮の力が大きいので他の場所より厚くなっています。

(2)　甲　板（Deck）

　甲板は建築物の床に相当する部分であり，船体の強度を受持つものと，単に床としての役割だけのものがあります。それぞれに名称が付けられていますが，最も重要なのは，船首から船尾まで連続している最上層の上甲板（Upper Deck）です。これは強力甲板とも呼ばれる重要な縦強力部材であり強度計算，船舶のトン数，乾舷の決定などの基礎になるものです（**第3・7図**）。

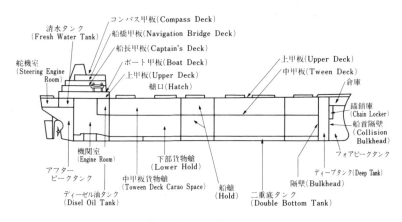

第3・7図　甲板等の名称

　上甲板の船側部分は非常に大きな力が加わるので，外板の舷側甲板と交わる板の厚みを増し強度を持たせてあり，これを梁上側板といいます。大型専用船では，この部分が円形のラウンド・ガンネル構造となっています（**第3・5図**）。

　上甲板の厚さも外板と同じように力のかかる中央部が厚くなっています。

　貨物船は甲板の数により，1層甲板船，（上甲板のみ，**第1・13図**），2層甲板船（上甲板と中甲板1層，**第3・7図**），3層甲板船（上甲板と中甲板2層，**第1・4・a図**），多層甲板船（PCCなど，**写真1・23・b**）のように区分されることもあります。

居住区部分は，一番上に基準コンパス（Standard Compass）が設けられているのでコンパス甲板（Compass Deck），その下が船橋なので航海船橋甲板（Navigation Brigde Deck），救命艇の設置してある甲板をボート甲板（Boat Deck），船長の部屋が設置されている甲板を船長甲板（Captain's Deck）などと呼びますが，順にAデッキ，Bデッキとアルファベットを付したり，番号でNo.1デッキ，No.2デッキと番号で呼ぶこともあります。

⑶　**二重底**

（Double Bottom）

大型船の船底は二重底と呼ばれる二重構造になっています（**第3・4図**）。これに対し船底が一重のものを単底（Single Bottom）と呼びます（**第3・5図**）。

二重底構造では座礁などにより船底外板が破損した場合でも二重底にまで損害が及ばなければ浸水を免れることができます（**写真3・1**）。タンカーも初期のものは二重底を採用していました

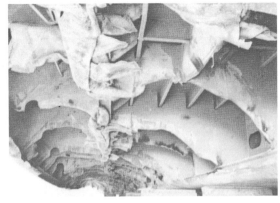

写真3・1　二　重　底
座礁により船底外板が損傷したが内底板は無傷である。

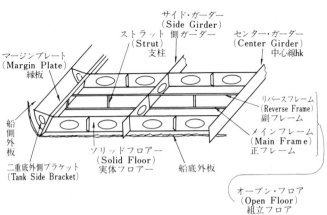

第3・8図　二重底の構造

が, 石油ガスが二重底に侵入し危険であること, および, 艙内が多数の区画に分かれているので安全性が高いなどの理由でほとんどのタンカーは単底構造となりました。しかし, 最近は海難発生時の流出油の防止という環境保護の面から二重底または外板が二重となった二重船殻構造 (Double Hull) が見直され, 国際条約により新しく建造される原油タンカーも二重底構造とすることが義務付けられています **(第1・13図)**。

　二重底の構造は, 第3・8図のように, 縦方向に走っているセンター・ガーダー, サイド・ガーダー, 横方向のフロアーによりいくつもの区画に分かれた骨組を構成しています。フロアーには, 1枚の板でできている実体フロアー (Solid Floor) とフレームだけの組立てフロアー (Skelton Floor, Bracket Floor, Open Floor) があり, 両者が交互に配置されています。

　このように縦横に強力部材を用いているので船底は非常に強固になり, 縦強度も増します。二重底内部は船底タンクとして燃料油, 清水, バラストなどを搭載するのに用いられます。

3・3・2　横 強 力 材

　船が浮いているとき, 船体には船の重力と水からの浮力および水の圧力が加わります。大型タンカーでは, 喫水が20mを超しますが, この深さでは1 m^2に20トンという大きな圧力が加わります。これらの力に耐え船体が横方向に変形 **(第3・9図)** しないようにしているのが横強力部材で, 第3・4図のようにデッキビーム, フレーム, メインフレームなどがありますが, この他の重要な横強力部材に横隔壁があります。

(1)　隔 壁 (Bulkhead)

　船体を縦方向または横方向に仕切っている鋼板を隔壁といい, 防水, 防火, タンクの仕切りなどのために設けられ, 縦方向のものを縦隔壁**(第3・5図)**, 横方向のものを横隔壁といいます。甲

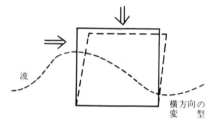

波　　　　　　　　　　　　　　　横方向の
　　　　　　　　　　　　　　　　変　　型

第3・9図　船体の横方向に受ける力

板が船体を水平方向に仕切っているのに対し，隔壁は垂直方向に仕切っている
わけです。

　万一浸水や火災が起こった場合でも，隔壁により浸水，火災を一定区画に制
限することができ，海難の発生したとき非常に重要な役割をします。このた
め，衝突などにより損傷を被りやすい船首尾部，船の心臓部である機関室の前
後には必ず水密隔壁を設けることになっています。したがって，機関が中央に
ある船舶は4つ以上，機関が船尾にある船舶は3つ以上の水密隔壁が設置され
ますが，その数は船の種類，大きさなどを考慮して決められます。

　第3·10図は1万トン級の定期貨物船の例で8枚の隔壁が設置されています。
船体は2層の中甲板と隔壁により沢山の船艙に仕切られています。これに対し
鉱石船（**第1·16図**），自動車専用船やRORO船では，横隔壁は自動車の走行の
邪魔になるなので，できるだけ少なくするようにしています。

　水密隔壁やタンカーの油密隔壁では，大きな圧力に耐えるため鋼板を波形に
しているものがありますが，これを波形隔壁（Corrugated Bulkhead）といいま
す。

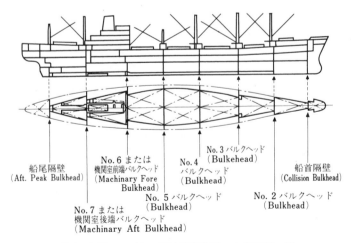

第3·10図　1万トン型定期貨物船の水密隔壁の例

3・4　船首部および船尾部の構造

3・4・1　船　首　部

　船首部は，前進中に船体と波が衝突するパウンディング（Pounding），スラミング（Slamming）という衝撃と，空船時に船底がピッチングをして船体が水面をたたくパンチング（Panting）という現象により大きな力を受けます。また，浮遊物や他船との衝突による損傷の危険もあるので，船首部は特に強度を持たせる必要があります。

　このため，フレームの間隔および船底のフロアーの間隔を短くし，サイド・

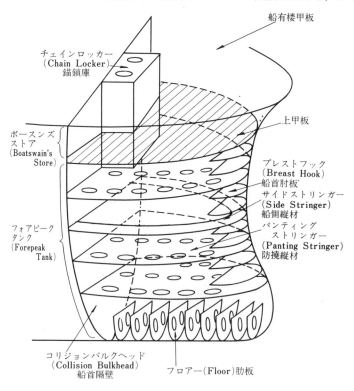

チェインロッカー
（Chain Locker）
錨鎖庫

船有楼甲板

上甲板

ボースンズ
ストア
（Boatswain's
Store）

ブレストフック
（Breast Hook）
船首肘板
サイドストリンガー
（Side Stringer）
船側縦材
パンティング
ストリンガー
（Panting Stringer）
防撓縦材

フォアピーク
タンク
（Forepeak
Tank）

コリジョンバルクヘッド
（Collision Bulkhead）
船首隔壁

フロアー（Floor）肋板

第3・11図　船首部の構造
フレーム，パンチング・ビームは省略してある。

ストリンガー（Side Stringer），パンチング・ストリンガー（Panting Stringer）ブレスト・フック（Breast Hook）等を第3・11図のように配置しています。また，フレームとフレームの間にパンチング・ビーム（Panting Beam）と呼ばれるビームを適当に配置してフレームに強度を持たせています。

なお，パンチング・ストリンガーに穴があいているのは，船首部がフォアピーク・タンクとして使用されるため水の通りをよくすることと船体重量を軽減するためです。船首最先端はステムといい，ファッション・プレート（Fashion Plate）という丸みを持った鋼板が付けられています（**写真3・2**）。

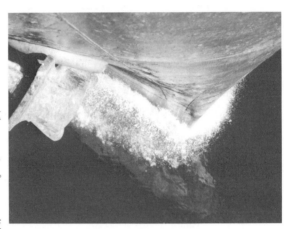

写真3・2 ステムと球状船首
21ノットで航行中であるが，球状船首のため波の立ち方が少ない。

3・4・2 船 尾 部

船尾部は，プロペラの回転に伴う振動，操舵による振動があります。特に，空船時に荒天に遭遇するとプロペラが空中にとび出すため振動はひどくなります。追波によるパウンディングや船尾の上下動によるパンチングは船首ほど大きくはないので，船首のように外板の板厚を厚くすることはしていません。

フレーム間隔は船首と同じように狭くし強度を増し，アフター・ピーク・タンク内はパンチング・ビームやディープ・フロアー（背の高い肋板）により強固な構造にしています。

なお，船尾には，操舵機，舵軸，舵，プロペラ，プロペラ軸などがあるため構造は非常に複雑です。

3・5　そ　の　他

3・5・1　艙　　口（ハッチ）

　人や貨物の出し入れのため甲板に開けられた開口部をハッチ（Hatch）といいますが，貨物船でハッチという場合は，貨物を船艙内に出し入れする艙口を指します。タンカーでは，タンク内に出入するための開口がハッチです。

　貨物船では，通常，各船艙に1つのハッチが設けられますが，荷役の能率向上のため1つの船艙に数個のハッチを設ける場合もあります。コンテナ船では，船首部は1列，その他は2列または3列のハッチを設けています。1つの船艙の前後にハッチを設けるので2列艙口（2 Row Hatch）の場合1船艙に4つ，3列艙口（3 Row Hatch）の場合は6つの艙口が設けられます。

　鉱石船では，1船艙に2〜4の艙口が設けられるのが普通です**（第1・16図）**。

　ハッチの周囲は，ハッチ・コーミング（Hatch Coaming）で囲まれ，ハッチ・カバー（Hatch Cover）で蓋をされます。最近までは，ハッチを閉鎖するのに，ハッチ・ビーム（Hatch Beam）を置き，この上にハッチ・ボード（Hatch Board）という板を並べ，防水布を三重にかけた上をロープで固縛する方法がとられていました。これは，開閉に非常に手数がかかる上に，荒天で大波が甲板に打上げると水が漏ったり，ひどいときはカバーが破られ浸水することもありました。

　最近建造される船舶では，木製のハッチ・ボードは用いられず，鋼製のハッチ・カバーが採用されていますが，その開閉方法は，①ハッチ・カバーを数枚に分割して船首尾の方向にワイヤーで張る方法，②1枚のハッチ・カバーを油圧で船横方向に動かす方法**（写真1・20）**，③クレーンで吊上げる方法など各種の方法が開発されています。主として，①は一般貨物船，②はばら積船，③はコンテナ船，ばら積船で採用されています。

　ハッチは甲板上の開口であり，荷役能率の面からは大きい方が良く，船体強度上は小さい方が望ましいわけです。荷役能率を上げるためハッチを大きくした船型に第1・4・b図に示すオープンハッチばら積船があります。このため，強度

を損わないようにコーミングを強固にし，四隅に当る甲板は，コーナー・プレート（Corner Plate）により二重にしています。

第4章　船舶の主機，補機および推進装置

　船舶の推進力を発生する機関を主機といい，主機に付属する機械や推進以外の目的に使用する機械類を補機といいます。船舶の主機に使用される機関を大別すると第4・1表のようになりますが，このうち蒸気往復動機関，焼玉機関は現在ほとんど使用されていません。また，ガソリン機関は小型のボートや非常用の消火ポンプにしか使われていませんので，これらの説明は省略しました。

　なお，この他に電気推進装置というのがありますが，これはディーゼル，蒸気タービン，ガスタービン等により発電機を回し，その電気でモーターを回して推進器を動かすもので，潜水艦や，南極観測艦「しらせ」に採用されています。また，2022年3月には世界初の電気推進内航タンカーが就航しました。

　補機の種類は非常に多岐にわたりますが，主要なものだけを記しました。

　推進器は，現在実用化されているものについて記し，歴史的な外輪などは省略しました。

第4・1表　船舶の主機の種類

主機
- 外燃機関
  - 往復動機関……蒸気往復動機関
  - 回転機関……蒸気タービン
- 内燃機関
  - 往復動機関……
    - ガソリン機関
    - 焼玉機関
    - ディーゼル機関……高速ディーゼル／中速ディーゼル／低速ディーゼル
  - 回転機関……ガスタービン……航空用転用型／産業用転用型
- 原子力機関
  - 加圧水型原子炉
  - 沸騰水型原子炉
  - その他

4·1 主　機

4·1·1　ディーゼル機関

　ディーゼル機関（Diesel Engine）は，シリンダー内部で燃料を爆発燃焼させピストンに往復運動を行わせこれを円運動に変える内燃機関の一種です。ディーゼル機関は，蒸気タービンに比べ燃料消費量が少ないので商船，漁船では広く使われています。

　ガソリン機関は，シリンダー内部の燃料の混合気を電気火花により着火させますが，ディーゼル機関では，空気を圧縮し高圧にすると高熱になる性質を利用し，圧縮され高圧になったシリンダー内部に燃料を噴射し爆発燃焼させます。この行程は，①シリンダー内に空気を吸入，②空気の圧縮，③燃料の噴射燃焼，④燃焼ガスの排気，⑤再び空気の吸入を1サイクルとします。

　1サイクル行うのにクランク軸が2回転するものを4サイクル機関（**第4·1**

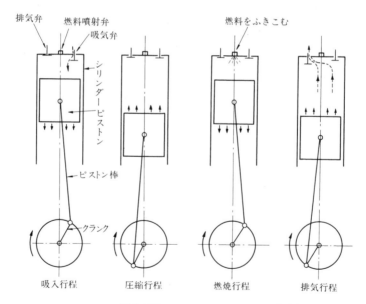

第4·1図　4サイクルエンジンの作動行程

図），１回転するもの
を２サイクル機関とい
います（**第4·2図**）。

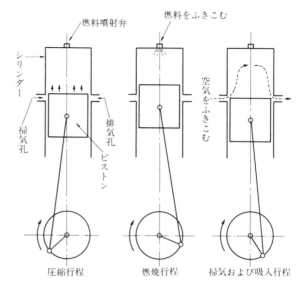

　４サイクルでは，排
気と吸気が別々に行わ
れますが，２サイクル
では，排気と吸気が１
度に行われます。同じ
要目のシリンダーであ
れば前者が１回燃焼す
るのに対し後者は２回
燃焼するので理論的に
は両者の出力比は１対
２ですが，実際には２

第4·2図　２サイクルエンジンの作動行程

サイクルが４サイクルの 1.5 〜 1.75 倍の出力比となっています。

　大型船では２サイクルの低速ディーゼルが用いられ，中小型船には４サイク
ルの中速ディーゼルが用いられます。

　この理由は，①大型のディーゼルで４サイクルにすると，同じ出力を得るた
めに燃焼ガスの圧力を上げなければならず，シリンダーの肉厚が厚くなり機関
の重量が増加すること，②２サイクル機関の構造が簡単で故障が少ないことな
どです。

　４サイクルの利点は，２サイクル機関に比して燃料消費量が少ないことです
が，これはガス圧が高く，燃焼効率が高いためです。

　ディーゼルの起動は圧縮空気によって行われ，回転数の増減は噴射する燃料
の量を調整することによって行われます。圧縮空気は約 30kgf ／ cm² の圧力で
あり，電動の空気圧縮機（Air Compressor）により作られ，起動用空気槽にた
めておき，パイプによりシリンダー上部の起動弁に導かれています。機関を起
動するときは，起動弁を開き圧縮空気をシリンダー内に注入しピストンを動か

します。

　また, ディーゼルの出力増大のために, 空気を圧縮し, 多量の空気をシリンダーに供給する方法がとられており, その装置を過給機 (Super Charger) といいます。最近の大型船の過給機は, 機関の排気ガスで排気ガスタービンを動かし, これにより送風機を駆動するターボ過給機が用いられています。

(1)　低速ディーゼル

　低速ディーゼルは, 毎分回転数が300回転以下のもので, 大型貨物船の主機として広く用いられています。

　実際に使用されている低速ディーゼルの回転数は, 1シリンダー当りの出力が3,000馬力以上のもので75〜110回転, 1,000馬力程度のもので150〜180回転となっています。

　今日製作されている低速ディーゼルで最大級のものは, 1シリンダー当りの出力が7,470馬力 (5,490kW) です。シリンダーの数を多くしていけば高出力の主機ができますがいくらでも多くするわけにはいかず, 低速ディーゼルの場合は最大でも

写真4·1　2サイクル低速ディーゼル機関

12 シリンダーです。7,470 馬力 × 12 ＝ 89,640 馬力がこの最大級のディーゼル 1 台で出せる最大の出力といえます。

このエンジンは，日本〜欧州のコンテナ航路に就航している 6,690TEU のコンテナ船に搭載されています。

主機と推進器の直結しているものがほとんどであり，前後進の切替は主機自体の回転方向を変えることにより行われます。

また，燃料費の高騰により燃料消費量を少なくする努力が続けられていますが，船の推進効率は推進器の回転数の低い方が良くなります。回転数を低くして同一の馬力を出すためには，シリンダーを長くしてピストンの行程を長くしたロング・ストローク（Long Stroke）型が有利となり，この種のディーゼル機関の開発が盛んに行われています。

しかし，推進器の回転数を下げるには，推進器の直径を大きくしなければならず，船尾の型状や喫水により，制限を受けることになります。

大型貨物船の主機である低速ディーゼルの燃料消費量は 1 ps（仏馬力）当たり 1 時間に 125g 前後，1 kW 当たり 170g 前後です。

(2)　**中速ディーゼル**

中速ディーゼルは毎分回転が 300 〜 1,000 回転のディーゼル機関ですが，実際に使用されているものは 380 〜 600 回転のものが多いようです。中速ディーゼルは回転数が高いため，普通はタービン機関と同じように減速ギヤーにより回転数を落して推進器を回す方法がとられます。このように減速ギヤーを用いたディーゼルをギヤード・ディーゼル機関（Geared Diesel Engine）と呼んでいます。

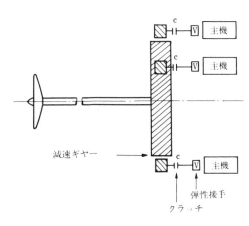

第 4·3 図　マルチプル・エンジン

　ギヤード・ディーゼルでは，ディーゼルの回転数を最良の状態に選び，推進器の効率を最も良い回転数とすることができるので，全体としての使用燃料を減少させることができます。

　ギヤード・ディーゼルは，1 本の推進器を多数の主機で動かすことができますが，2 台以上のディーゼルを並列にして推進器を動かすものをマルチプル・エンジン（Multiple Diesel Engine Plant）といいます。第 4・3 図は 3 台の中速ディーゼルにより推進器を動かすマルチプル・エンジンです。

　このようにして，数台の中速ディーゼルを組み合せることにより，1 軸で 10 万馬力以上の出力を出すことも可能であり，蒸気タービンに匹敵する出力が出せます。

　第 4・3 図の主機が 1 シリンダー 1,500 馬力で 18 シリンダーとすれば，主機 1 基で 1,500 × 18 = 27,000 馬力で，主機 3 基を並列にしているので推進軸には 27,000 × 3 = 81,000 馬力が伝わることになります。

　中速ディーゼルは，低速ディーゼルに比較すると小型であり，特に機関室の高さを低くすることができるのでカーフェリー，RORO 船などに最適です。

　また，内航のタンカーでは，2 基 1 軸とし，揚荷の際はそのうちの 1 基で荷役用のポンプを動かす方式も行われています。

　主機とクラッチの間には弾性接手が設置されています。これはディーゼル・エンジンは回転力の変動が大きいので減速ギヤーの歯面に悪影響を及ぼすのを防止するため，回転力の変動を緩和する目的で取り付けられるもので，スプリングやゴムにより作られています。

　クラッチは，主機の故障や点検整備のために主機を止める場合，または港内で運転台数を減らす場合に停止した主機を切り離すためのもので，1 基 1 軸のギヤード・ディーゼルには不要なものです。

4・1・2　蒸気タービン

　蒸気タービン（Steam Turbine）は，高温高圧の蒸気を羽根車に吹きつけて回転させる機関です。歴史は非常に古く，今から 2,000 年前のギリシャの数学者

ヘロンは蒸気の動力作用による回転体（蒸気タービン）について記しています。

　船舶の推進にタービンを用いて初めて成功したのはイギリスのチャールズ・パーソンズで，1897年にヴィクトリア女王の在位60年を記念して行われた観艦式においてです。パーソンズは，タービン3基で3基の推進器を動かすタービニア号を観艦式の中に乗り入れ，30ノットという当時では想像もできないような高速で走り廻り人々を驚愕させました。蒸気タービンの性能を示すこのデモンストレーションは大成功を収め，軍艦，客船などに急速に普及しました。

　それ迄の船舶の主機は，蒸気機関車と同じシリンダーとピストンによる蒸気往復動機関（Steam Reciprocating Engine，通常レシプロという）でした。これは熱効率が悪いため今日では使用されないので本書での説明も省略しています。

　蒸気タービンは，ディーゼルと比較すると重量が軽く，大出力を出すことができますが，燃料消費量が多いため高出力の必要な軍艦，大型タンカー，大型客船，超高速のコンテナ船などに用いられました。しかし，ディーゼル機関の技術開発が進んだこと，軍艦ではガス・タービンを用いるようになったことなどから，商船ではボイルオフガスをボイラーの燃料に使用するLNG船以外では蒸気タービンを主機に用いる船舶は建造されません。

　なお，原油タンカーの場合，主機がディーゼルであっても，揚荷ポンプは蒸気タービンで動かしています。

　また，原子力船は，原子力で蒸気を発生させ，蒸気タービンを回転させ推進力を得ます。

　蒸気タービンには，衝動タービン（Impulse Turbine）と反動タービン（Reaction Turbine）があります。前者は，高圧の蒸気を細いノズルを通して膨張させ速度エネルギーとし，これを回転羽根に吹きつけてローターを回転さ

写真4·2　高圧蒸気タービンと減速歯車

せるものです。後者は，回転羽根の中においても蒸気を膨張させるので，衝動だけではなく，蒸気の膨張による速度増加の反動も利用してローターを回転させます。蒸気タービンは反動と衝動の両方で回転するので，回転のエネルギーの半分以上が反動による場合を反動タービンと呼びます。

　最近の大型蒸気タービンはほとんどが衝動式タービンを使用しており，理論的には効率の良い反動タービンは低圧タービンの一部にしか使用されていませんが，これは技術上の理由によるものです。

　回転羽根を何段も重ねると車室の長さが長くなり熱膨張が大きくなり過ぎるので，舶用タービンの場合高圧タービンと低圧タービンの2つの車室に分けるのが普通です。

　タービンを逆転させるには，前進用の回転羽根に逆方向に蒸気を吹き込んで逆転させることはできません。このため後進用のタービンを設けますが，これは低圧タービンの車室に設けられています。後進タービンは，前進中は無用であり空転しているので，空転中のエネルギーの損失を少なくするために小型とし，発生馬力は前進時の50％前後としています。

　また，回転羽根を動かす蒸気は順次膨張し圧力が低下してくるので，後段になるほど羽根の長さが長くなります。このため高圧タービンは小さく，低圧タービンは大きくなり，低圧タービンでも最終段の回転羽根が一番長くなります。

　回転数は高圧タービンが毎分5,000〜7,000回転，低圧タービンが約3,000〜5,000回転であり，減速ギヤーで回転数を落し推進器を回転させます。このため，主機と推進器の直結している低速ディーゼルと異なり，推進器の効率の最も良い回転数を選択することができます。

　蒸気タービンを動かす蒸気はボイラーで水を加熱し発生させます。タービンを動かし仕事のすんだ蒸気は水に戻され，再びボイラーに送られ加熱され蒸気となります。このサイクルを蒸気サイクルといい，燃料の持つエネルギーを有効に利用するための工夫がいろいろとなされ，高圧タービン，低圧タービン，ボイラー，復水器，給水加熱器，空気分離器などが組み込まれたプラントにな

っています。

　蒸気サイクルの熱効率を高めるため
には，タービン入口での蒸気温度と圧
力を高めることが必要ですが，材質の
関係上，使用できる温度，圧力には限
界があります。材質は時代とともに向
上しており，効率を高めるためには実
用化の可能な最先端の技術と材料を使
用しているので，機関関係の人はボイ
ラーの制限圧力を見ただけで，その船
がいつ頃建造され，配管にはどのよう
な材料を使っているかを判断すること
ができます。

　仕事の終わった蒸気は，まだ沢山の
熱エネルギーを持っていますが，この
エネルギーはコンデンサーで水に戻る
ときに失われてしまうので，コンデン
サーで失うエネルギーを
少なくしなければ熱効率
が高くなりません。この
ために「再生サイクル」
または「再熱サイクル」
と呼ばれる方法がとられ
ます（**第4・4図，第4・5
図**）。再生サイクルは
タービンを回した蒸気の
一部を復水器に通さない
で，ボイラーに給水する

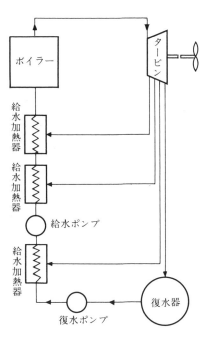

第4・4図　再生サイクル

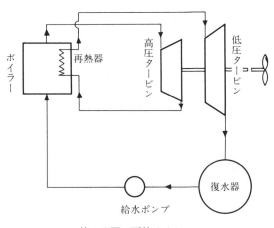

第4・5図　再熱サイクル

給水加熱器に送り水を過熱する方法です。復水器に送られる蒸気が少なくなるので効率が高まります。

　熱効率を高めるもう１つの方法は再熱サイクルと呼ばれるものです。これは温度の下った蒸気をタービンの途中からボイラーに組み込まれた再熱器に送り再加熱してタービンに送る方法です。

4·1·3　ガス・タービン

　ディーゼル機関が内燃往復動機関，蒸気タービンが外燃回転機関であるのに対し，ガス・タービン（Gas Turbine）は内燃回転機関であり，主として航空機用に開発されました。

ジェット・エンジン，ターボ・プロップなどと呼ばれるものがこれに当ります。航空機用のガス・タービンは重量を軽くすることを主眼に設計されていますが，この他に産業用と呼ばれる陸上で使用するガス・タービンも開発されています。産業用は堅牢で，安価なＣ重油が使用できるように設計されており，航空機用に比較すると大型になります。

　船舶の主機に用いられるガス・タービンは，

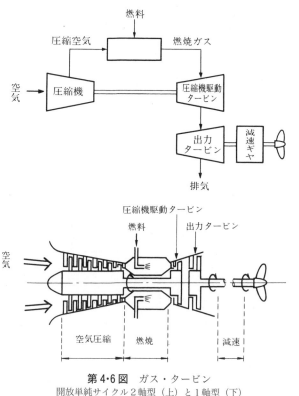

第4·6図　ガス・タービン
開放単純サイクル２軸型（上）と１軸型（下）

航空機用に開発したものを船舶に用いる「航空機転用型ガス・タービン」
（Marinized Air Craft Gas Turbine）と産業用に開発したものを船舶に用いる「産
業用転用型ガス・タービン」（Industrial Type Gas Turbine）または「重構造型ガ
ス・タービン」（Heavy Duty Type Gas Turbine）と呼ばれるものの2種類があり
ます。

　航空機転用型ガス・タービンは常用出力 24,400 馬力に対し重量はわずか 6.4
トンしかないのに対し，産業用転用型ガス・タービンは同程度の出力のものの
重量が 19.5 トンと3倍も重くなっています。

　ガス・タービンの原理は圧縮した空気と燃料を混合して燃焼させ，発生した
ガスでタービンを回転させる簡単なものです。第4·6図上はガス・タービンの
一例で開放単純サイクル2軸型と呼ばれています。開放というのは，排気を直
接大気中に放出する方式です。単純サイクルというのは排気の熱を熱交換器な
どによって回収し圧縮空気を予熱する再生サイクルに対する名称です。2軸型
というのは，圧縮機用タービンの軸と出力タービンの軸が別れて2本の軸があ
るのでこのように呼ばれます。圧縮機用タービンと出力タービンが1本の軸で
つながっているものは1軸型（**第4·6図下**）といわれます。

　圧縮機はタービンで動かされるため，推進力として用いられる出力はガス・
タービンで発生する出力と圧縮機の吸収する出力の差になります。

　後進の場合，蒸気タービンでは後進タービンが設けられていますが，ガス・
タービンでは後進タービンを設けることは構造上できないため，①可変ピッチ
プロペラとの併用，②前後進切替クラッチを組み込んだ減速ギヤーの使用，③
電気推進装置の使用などにより後進推力を得ています。

　ガス・タービンの最大の特徴は小型軽量で高出力が出せることです。このた
め艦艇には広く用いられており，通常はディーゼル機関で運航しており，戦闘
時にガス・タービンで高速力で航走する方法もとられています。

　ガス・タービンの燃料消費量は，蒸気タービンよりは若干少ない程度で，ディーゼルと比べると相当多く，使用燃料も軽油，重質蒸留油を使用するため燃
料費が高いので一般商船への使用は限られていますが，小型で高出力が得られ

る上に構造が簡単で保守が容易なため信頼性が高いので RORO 船，フェリー等に使用されることもあります。

　わが国では，自衛隊の艦艇，ホーバー・クラフト，全没翼型水中翼船などに用いられていますが，大型商船の主機としての使用実績はありません。短時間に起動ができるためフェリーボートの非常電源用に用いられている例があります。

　主機の種類を表わすのに，ガス・タービンの場合，COGOG，COGAG，GODOG などの略号が用いられます。これは，機関の組合せを示し，CO は Combine，G は Gas Turbine，O は or，A は and，D は Diesel の略です。COGOG は大小2種のガス・タービンを装備し，高速のときは大きい方，低速のときは小さい方のガス・タービンを用いる方式，CODOG は通常ディーゼルを用い，高速のときにガス・タービンを用いる方式のものです。

4・1・4　原子力機関

　原子力船は，原子炉で熱を発生させ，この熱で蒸気を作り蒸気タービンを回し推進力としています。したがって，原子炉が蒸気タービン船のボイラーに相当します。

　軍用として原子力は潜水艦，航空母艦，巡洋艦などに数多く用いられており，今後も続々と建造される見込みです。これに対し，商船としての原子力船はアメリカの「サバンナ」，西ドイツの「オット・ハーン」などが実験船として就航したものの，いずれも所期の目的を達し，現在は運航を中止しています。その後，新たに原子力商船が建造される動きはありませんが，原油の価格が上昇するにつれ，原子力船が見直されるかもしれません。

　原子炉には加圧水型，沸騰水型，スイミング・プール型，コールダー・ホール型など色々の種類がありますが，船舶に用いられているのはほとんどが加圧水型原子炉（Pressurized Water Reactor）です。

　原子炉の中での燃料の反応についての説明は省略しますが，第4・7図のように加圧水型原子炉では，原子炉で発生した熱を高圧を加えた水を用いて取り出

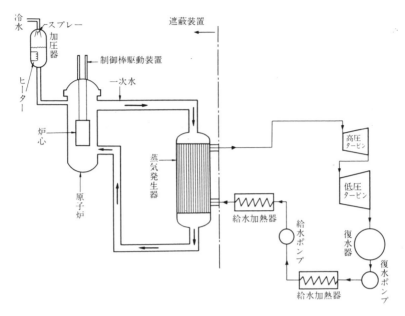

第4·7図 原子力船の推進系統図

します。水は高圧が加えられているので温度が100度以上になっても沸騰しません。ソ連の「レーニン」では130kgf／cm²の圧力を加え水を310℃に熱しています。アメリカの「サバンナ」は圧力123kgf／cm²，温度273℃であり，わが国の「むつ」は110kgf／cm²の圧力で286℃の温度になるよう設計されています。温度の上昇した加圧水は蒸気発生用熱交換器で給水に熱を与えて原子炉へ戻ります。発生蒸気は「レーニン」で29kgf／cm²，300℃，「サバンナ」で32kgf／cm²，238℃であり，「むつ」の設計は，40kgf／cm²，251℃です。

　加圧器の中にヒーターを組み込んであり，原子炉が始動するとき一次水に圧力を加える役目および運転中の圧力変動の吸収を行います。すなわち，圧力が上昇した場合はスプレーで蒸気を凝縮させ，圧力が低下した場合はヒーターで加熱します。

　発生した蒸気でタービンを回す過程は，前述の蒸気タービンと変りません

が，加圧水型の場合，発生蒸気の圧力，温度はボイラーの場合よりも低い上に
加熱を行っていない飽和蒸気をタービンに送るためタービンは特殊な設計がな
され，寸法も大きくなっています。

　原子炉は，燃料の消費は非常に少なく，1グラムのウランが完全に分裂する
と約2トンの重油が燃焼するのと同じ熱量が発生します。このため燃料の搭載
は少なくてすみますが，原子炉で発生する放射線を遮蔽するため鉛，コンク
リートなどを多量に使用するので短い航路では貨物の搭載量が減りますが，長
期航海の場合には原子力船の方が搭載量が増加します。特に航空母艦を原子力
推進とした場合，航空燃料の搭載量が増加し，航空機連続作戦能力が倍増しま
す。

　また，一度燃料を入れると数年間の航海が可能である上に，燃焼に空気を必
要としないので潜水艦に使用した場合，長期間の潜航が可能であるため戦略兵
器として重要な位置を占めています。

　実験船としての所期の目的は達成しましたが，実験終了後，商船に改装して
の運航では採算がとれず，ロシア以外の国は原子力商船の運航を取りやめまし
た。ロシアは北極海に面した長い海岸線を持ち，大陸棚のガス田開発，北極海
航路の確保などのため砕氷船を必要としており，原子力船砕氷船の建造および
保有を続けています。

　砕氷船には厚い氷で覆われた氷海を，氷を砕いて水路を開き通航船舶の航行
の援助や救助をする重量型と，比較的薄い氷や水深の浅い水域で活躍する軽量
型の2種類に大別されます。現在建造が予定されている3隻の原子力砕氷船は
タンクに注水し，喫水を8.5mから10.5mまでに変更し，シベリアの大河の河
口や北極海航路でも使用でき，厚さ4mの氷を砕く性能を持つと言われていま
す。

4・2　補　　　機

　広い意味では，補機（Auxiliary Engine）の中には舵を動かすためのモーター
や荷役のためのウィンチ等も入りますが，操舵に関するものは操舵装置，甲板

上にあるものは甲板機械，荷役に関するものは荷役用機械として説明すること
とし，ここでは主に機関室内にある補機について概説します。

　補機には，船舶が航海中，停泊中を問わず必要なものと，主機を運転してい
る航海中に必要なものに大別されます。

　前者の代表的なものが発電機，GS ポンプ（雑用ポンプ），清水ポンプ，サニ
タリー・ポンプ，通風装置，冷凍装置などです。

　航海中に必要な補機は主機を動かすためのものであり，主機の種類により異
なります。ディーゼル船の場合，空気圧縮機，冷却海水ポンプ，冷却清水ポン
プ，潤滑油ポンプ，燃料清浄機，潤滑油清浄機，燃料供給ポンプ，燃料移送ポ
ンプ等多くの装置があります。蒸気タービン船の主要な補機はボイラー，復水
器，給水装置などであり，燃料移送ポンプ，潤滑油清浄器はディーゼル船，ター
ビン船共に必要なものです。

4·2·1 発　電　機

　船内には，各種のポンプ，照明，通風装置，無線電信装置，航海計器など電
気を用いる機器が沢山あります。これらに供給する電気は機関室内の発電機
（Generator）で発電されます。

　発電機には，ディーゼルエンジンを用いたディーゼル発電機の他に，補助ボ
イラーおよび主機排気ガスの予熱を利用した排気ガス・エコノマイザーによっ
て発生させた蒸気を用いるタービン発電機，さらには，主機を発電機として使
用する主機駆動発電機などがあります。

　欧州航路のコンテナ船『MOL PERFORMANCE』（73,800 総トン）の場合，
1 時間当り 10.1 トンの蒸気を発生させる排気ガス・エコノマイザー 1 基および
1 時間当り 14 トンの蒸気を発生させる補助ボイラー 1 基を装備しており，こ
れらの機器で発生させた蒸気を利用する 1,500KVA のタービン発電機 1 台と，
2,750KVA のディーゼル発電機 4 台を装備しており，合計 12,500KVA の発電能
力があり，これはわが国の平均的な家庭 4,000 軒の消費電力をまかなうことが
できる発電量に相当します。

4·2·2　燃料油系統の補機（ディーゼル船の場合）

　二重底などの燃料タンク（F.O. Tank）から燃料が噴射ポンプでシリンダー内部に噴射されるまでには多くの補機を経由します（**第4·8図**）。

　燃料タンクから燃料油沈降タンク（F.O. セットリング・タンク，Fuel Oil Settling Tank）へ油を移送するポンプを燃料油移送ポンプ（Fuel Oil Transfer Pump）といいます。このポンプは燃料タンク間での油の移送を行い船のトリムやヒールを調整するためにも使われます。

　F.O. セットリング・タンクの目的

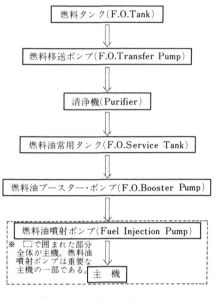

第4·8図　燃料油系統の補機

は，タンク内で燃料を加熱し，重力により固型物や水分を分離させることです。このタンクで不純物を沈降させた油は清浄機（Purifier）に送り，遠心力により不純物をさらに除去した後に燃料油常用タンク，（Fuel Oil Service Tank）へ溜めておかれます。

　常用タンクの油は，燃料油ブースター・ポンプ（Fuel Oil Booster Pump）により加圧され燃料油噴射ポンプ（Fuel Injection Pump）に送られ，ここでさらに圧力を加えシリンダー内に一定量を霧状に噴射します。

4·2·3　潤滑油，冷却水関係の補機（ディーゼル船の場合）

　ディーゼル機関では，燃料がシリンダー内で爆発的に燃焼するため，シリンダー内は高温高圧となりピストンは激しく運動しています。このため，シリンダー内部にはシリンダー油と呼ばれる潤滑油を供給し摩耗と腐食の防止を行っています。シリンダー，燃料弁，ピストンなどは，冷却清海水，潤滑油で冷却

します。温度の上昇した冷却清水や潤滑油は海水により冷やされています。

このため主海水ポンプ，主冷却水ポンプ，潤滑油ポンプ，燃料弁冷却水ポンプ，潤滑油清浄機などの補機が設けられています。

4·2·4 ボイラー

燃料を熱に変え，この熱で蒸気を発生させる装置がボイラー（Boiler）です。船舶に用いられるボイラーには主機としての蒸気タービンを動かすための主ボイラー（Main Boiler）と，主機はディーゼル機関であり補機や加熱装置に使用する蒸気を発生させる補助ボイラー（Auxiliary Boiler）があります。

最近の船舶の主ボイラーは高温高圧のためほとんどが水管ボイラー（Water Tube Boiler）ですが，補助ボイラーには昔から使われている丸ボイラー（スコッチ・ボイラー，Scotch Boiler）および乾燃式丸ボイラー（Dry Combustion Boiler）が普及しています**（第4·9図）**。

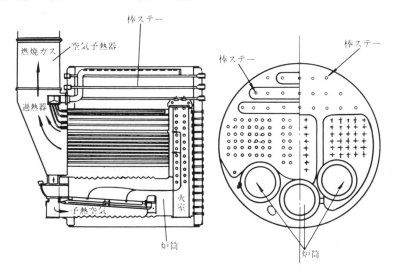

第4·9図 舶用円胴ボイラー（スコッチ・ボイラー）
径が大きく長さが短い。各炉の筒ごとに火室（燃焼室）が設けられている。広い平板の部分があるためステーにより補強しているが，使用圧力は 15atm が限度である。

　水管ボイラーは第4・10図のよ
うに水ドラムと蒸気ドラムの間を
多数の細い水管で結んだもので,
水は水管で熱せられ蒸気となりま
す。水管の表面積が大きいので熱
をよく吸収することができます。
水ドラム, 蒸気ドラムは丸型ボイ
ラーに比較して小型であり高圧に
耐えることができます。また, 燃
焼室も大きくとれるので燃料も完
全燃焼します。燃焼室は蒸気ドラ
ムと水ドラムに接続する多数の水
管群による水冷壁によって囲まれ

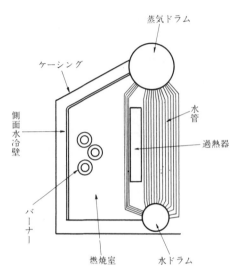

第4・10図　水管ボイラーの構造

ており, 燃焼のふく射熱を吸収するようになっています。

　蒸気ドラムの中の蒸気はそのときの蒸気ドラム圧力に相当する飽和温度で,
水分を含んだ飽和蒸気です。この蒸気をボイラー内部の過熱器に通し温度を上
昇させ過熱蒸気としタービンに送ります。過熱器はボイラー内部だけでなく,
外部の煙道に設けることがあります。

　煙道には, この他ボイラーへの給水を温めるエコノマイザー (Economizer,
節炭器) や空気予熱器 (ガス・エア・ヒーター, Gas Air Heater) が取り付けら
れています。給水を煙道の外で蒸気により加熱する装置はエコノマイザーとは
呼ばず給水加熱器 (Feed Water Heater) といいます。

4・2・5　復　水　器 (コンデンサー)

　蒸気タービンで仕事のすんだ蒸気を凝縮させ, 水に戻す装置をコンデンサー
(Condenser) といいます。原理は簡単で, 第4・11図のように多数の水管の中
を海水を通し, 蒸気はこの水管に触れて冷され凝縮します。凝縮した復水は,
復水ポンプで給水装置に送られます。コンデンサーの内部の圧力が低いほど蒸

気はよく膨張をし仕事を
沢山することになり効率
はよくなります。このた
め，コンデンサーの内部
は真空ポンプにより約
95％の真空にしていま
す。

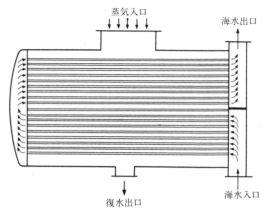

蒸気入口

海水出口

復水出口

海水入口

第4·11図　復　水　器
数千本のパイプ内を海水が通り蒸気を冷却し水にする。

4·2·6　清海水用ポンプ

　甲板洗滌など多目的に
使用される海水を供給す
るための雑用ポンプ
（G.S. ポンプ，General Service Pump），飲料水を供給する清水ポンプ，バラス
トの漲排水を行うバラスト・ポンプなどがあります。

4·2·7　造水装置

　ボイラーで発生した蒸気は，主機や補機を動かした後，復水器で水となり再
びボイラーに送られますが，一部は大気中に漏洩してしまいます。また，ボイ
ラーに溜る煤は熱の伝導を悪くするので一日に数回蒸気を吹きつけて清掃
（スート・ブロー）を行います。さらに船では風呂を沸かすのにも蒸気を水の
中に吹き込んで水を加熱します。このようにしてボイラーで発生する蒸気の多
くが失われます。この他にも生活用水として多量の水が使用されています。
　しかし，長期の航海では水を補給することができないので，最近は，蒸気
タービン船では蒸気を，ディーゼル船では主機を冷却する清水の熱を利用した
造水装置（Distilling Plant）が設けられています。水の沸点は圧力が低下すると
下るため，造水装置は真空ポンプにより 700mmHg 程度の低圧とし，温まった
冷却水を沸騰させ，蒸発した蒸気は海水で冷却して真水を造ります。また，清
水中に不純物があるとボイラーにスケール（湯あか）が付着し熱伝導が悪くな

るばかりでなく，熱の伝わり方が不均一となることに起因する事故が発生する危険があります。このためボイラーに補給する水の純度は重要な問題であり，タービン船では蒸留水を造る造水装置は不可欠なものです。

4・3　推　進　装　置

　船舶は主機で発生した出力を推進装置に伝達して前進・後退をします。フルトンの開発した外輪船は，その後発明されたスクリュー・プロペラ（Screw Propeller）にとって代わられ，現在の大型船の推進装置にはほとんどこれが用いられています。このため単にプロペラといえばスクリュー・プロペラを指します。大型船のプロペラは，主機のディーゼル機関のクランク軸とプロペラ軸とが直結しており，主機の回転数とプロペラの回転数は同じです。しかし最近の大型の客船では，ディーゼル機関で発電機を動かし，その電気で船尾の電動モーターを回転させ，プロペラ軸を回す電気推進を採用する船舶が多く建造されるようになってきました。クリスタル・シンフォニー**（写真1・3・a）**はこのような推進方法を採用しています。しかし，スクリュー・プロペラは高速になると効率が悪くなるため，小型高速船ではウォーター・ジェットも用いられています**（写真1・37，図4・15）**。

　また，リニア・モーター・カーと同じように電磁誘導で推進する方法も研究され実験船では成功していますがまだ実用化には至っておりません。

4・3・1　スクリュー・プロペラ

　プロペラの動きはねじと同じです。プロペラは1回転するとねじ1山分進みます。この1回転で理論的に進む距離をピッチ（Pitch）といいます。ピッチは船の用途や機関の馬力により異なります。馬力に比してピッチが小さ過ぎると主機の馬力は十分な推力になり得ず，大き過ぎると機関は十分な回転数を出すことができません。

　プロペラは船体により不均一になった流れの中で回転するため，プロペラの発生する力も不均一なものとなり振動を起こします。振動を軽減させるため，

写真 4·3 各種のプロペラ
a は在来型の固定ピッチプロペラ，b はハイスキュー固定ピッチプロペラ，c は
在来型の可変ピッチプロペラ，d はハイスキュー可変ピッチプロペラ

翼をピッチ面にそって大きく湾曲させたハイスキュー・プロペラが開発され，
多くの船で採用されています（**写真 4·3·b, d**）。

　翼が固定されており，ピッチを変えることのできないスクリュー・プロペラ
を固定ピッチ・プロペラ（**写真 4·3·a, b**），ピッチの変えられるものを可変ピッ
チ・プロペラ（Controlable Pitch Propeller, CPP（**写真 4·3·c, d**））といいます。

　可変ピッチ・プロペラでは，プロペラの回転数および方向が一定でもピッチ
を変えることにより速度，前後進の変更が連続的に行われ（**写真 4·4**），操船が

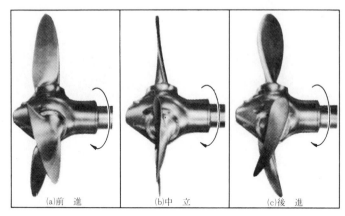

(a)前　進　　　　　(b)中　立　　　　　(c)後　進

写真 4・4 可変ピッチ・プロペラ
翼の取り付け部分が回転することによりピッチが変り，機関の回転
方向が一定でも前後進，速力の変更ができる

行いやすい上に，曳船，トロール船などのように作業中は大きな推進を要する
船では，必要に応じ最適のピッチに調整することができます。

固定ピッチ・プロペラに対し可変ピッチ・プロペラの特徴は次の通りです。

① 機関の運動はそのままにして，ピッチを変えるだけで前進，停止，後進，
全速，微速と思いのままに操船できる。

② 機関は，最も効率の良い一方向に，一定回転数で運転することができる。

③ 機関に逆転機構が不要となる。

④ スピードが要求されるとき，推力が要求されるとき，満載して排水量の
多いとき，空船で排水量の小さいときなど，船の状態に応じて最適のピッ
チが得られ，効率が良くなり燃料の節約ができる。

⑤ 緊急時の急停止や超微速運転が可能である。

⑥ 構造が複雑で製作費が高い。

⑦ 翼の傾きを変える機構が翼のつけ根のふくらんだ部分（ボス，Boss とい
う）に内蔵されているのでボスが大きくなりプロペラ効率が低下する。し
かし，これは④で記した最適ピッチを得られることによる効率の増大の方

が大きいことによりカバーされる。

このような優れた性能のため可変ピッチ・プロペラは曳船，トロール漁船，フェリー，掃海艇，巡視船などに用いられていましたが，最近では大型の貨物船にも使用され始め，大きなものでは 26,000 馬力の鉱油兼用船に取り付けられている直径 8.20m，毎分回転数 85 回転のものがあり，大馬力エンジンに取り付けられた例では，50,000 馬力を超える主機を装備したコンテナ船があります。

写真 4·5 VLCC に搭載した二重反転プロペラ

(IHI 提供)

一般にプロペラの作り出すエネルギーの1／3は水を回転させるだけで無駄に使用されています。二重反転プロペラは，プロペラ軸を前側と後側の二重にし，それぞれ反対方向に回転させ，前のプロペラで作り出した海水の回転エネルギーを後方のプロペラで回収するものです **(写真 4·5)**。

魚雷や小型船舶の一部では二重反転プロペラが用いられていましたが，技術的な制約から大型船には採用することはできませんでした。しかし，最近では，信頼性の高い軸受けが開発され，25 万トンの VLCC にも採用され，約 15 ％もの省エネ効果を上げています。

また，プロペラの周囲をノズルで囲むと低速高荷重で作動する場合，極めて大きな推力が得られることが古くから知られていました。1934 年（昭和 9 年）にドイツのコルト氏がこの理論によりノズル・プロペラの特許を得てからは，コルト・ノズル・プロペラと呼ばれています。

ノズルがないときに比べ，コルト・ノズルを装備することにより，主機の馬力を変えないで推力を 30 ～ 45 ％増加することができるので，曳船，押船，トロールに広く用いられています。また，最近では，省エネルギー対策の一環としてプロペラの効率を高めるため大型船にもノズルが装備され始めました。

なお，ノズルを回転させると舵として使用することができますが，これは普

通の舵に比べ操船性能は非常に良
くなります。この方式にはレック
スペラ，Ｚペラ，Ｔドライブなど
と呼ばれるものがあります**（写真
4・6・a, b)**。

　最近の大型客船では，スクリ
ュー・プロペラを電動モーターで
回転させる電動推進プロペラを採
用するものが多くなってきまし
た。また，モーターとプロペラを
一つのユニットにして船底に吊下
げ，ユニット自体を 360° 回転させ
ることができるアジポッド
（AZIPOD, Azimuthing
Electric Pro-pulsion Drive）
という装置が開発されまし
た**（写真4・6・c)**。これは，砕
氷船の舵やプロペラが氷に
より損傷を受けるのを防止
するために開発されたもの
ですが，静粛，低振動など
優れた性能のため現在就航
している世界最大の客船
「Oasis of the Seas」(総トン
数 222,900 総トン，**写真4・
6・d)** を始め，最近建造される多くの大型客船に装備されています。Ｔドライ
ブやＺペラと同様，舵を設置する必要がありません。

写真 4・6・a　360 度旋回するプロペラ
（Ｔドライブ）
プロペラの周囲にノイズを取付け推力を
増大させ，ノズルとプロペラが 360 度自
由に回転するので操縦性が非常に良くな
る。

写真 4・6・b　Ｔドライブを装備したタンカー
360 度旋回するプロペラ（Ｔドライブ）により一点
旋回中のタンカー

4・3・2　フォイト・シュナイダー・プロペラ

　フォイト・シュナイダー・プロペラ（Voith Schneider Propeller, VSP）は，発明者の Voith 氏と Schneider 氏の名前をとったもので VSP と略されていますが，最近はトロコイダル・プロペラ（Trochoidal Propeller），サイクロイダル・プロペラ（Cycloidal Propeller）とも呼ばれています。

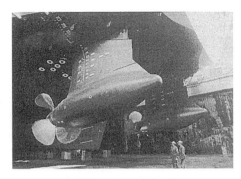

写真 4・6・c　アジポッド

　VSP の構造は，船底に設置した円盤（ローター）に，櫂や櫓の水中で水をかく先端部分に似たブレード（Blade）を４～６枚垂直に取り付けたものです。エンジンによりローターを回転させ，ブレードが水かき推力を得ます（**第 4・12 図**）。

　ブレードはローターの中心から放射状に伸びているロッドにより動かされ，水に対する角度（ピッチ）が変ります（**第 4・13 図(a)**）。第 4・13 図(b) は特定の１枚のブレードの動きを示したものですが，和船の櫂や

写真 4・6・d　世界最大の客船「Oasis of the Seas」
西カリブ海で，家族向けのクルーズを主体としたサービスを提供しているカジュアルクラスの客船。2009 年 12 月就航。
総トン数　222,900 トン／全長　360.0m ／型幅　66.0m ／喫水 9.15m ／乗組定員　2,164 人／旅客定員　（下段ベッド）5,408 人：（上段含め）6,360 人／推進装置　ディーゼル 97.2MV・電動ポッド３基。

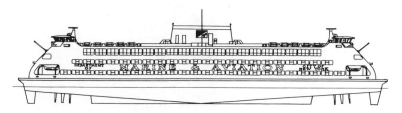

第4·12図　フォイト・シュナイダー・プロペラを装備したニューヨークのフェ
リー「Aldo Moro 号」
船底の両端に各3本突出て描かれているのがフォイト・シュナイダー・プロペラ
総トン数5,000 トン／乗客定員1,630 人　　　　　　　　　（SURVEYOR より）

櫓と同じような動きをしています。

　ロッドの中心は船首尾方向，船横方向と任意の方向に動かすことによりブ
レードの角度を変え第4·14 図のように船は自由にどの方向へでも動くことが
でき舵の役目もしています。

　また，可変ピッチ・プロペラと同じように，機関の回転方向，回転数を一定
にしておいて，方向，速力が自由に変えられるので，タグボート，フェリー，
海底電線敷設船のように微妙な操船の必要な船に採用されていましたが，Zペ
ラ，Tドライブアジポッドなど他の優れた方式が開発されたため，VSP を装備
した船舶が新たに建造されることはないようです。

4·3·3　ウォーター・ジェット推進

　ポンプにより水を吸引し，それを勢いよく噴射することにより反動で噴射と
反対方向に進む装置です。

　歴史は古く，スクリュー・プロペラの開発される前から考えられていました
が，推進効率が悪いため，水深が浅くスクリュー・プロペラの使えないような
海域で使われる小型船にしか用いられていませんでした。

　しかし，スクリュー・プロペラは高速になるとキャビテーション(Cavitation, 空
洞現象，高速のため真空状態が生じ推進効率が著しく低下する現象)を生じる

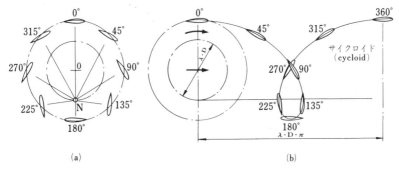

(a) (b)

第4·13図 フォイト・シュナイダー・プロペラのブレードの運動
ローターに取り付けたブレードは回転しながら和船の櫓と同じ動きをする。

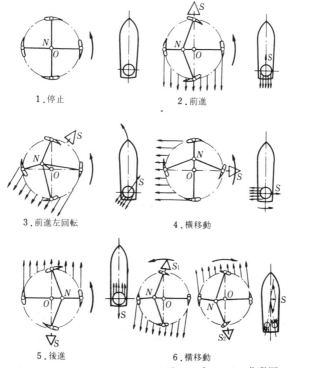

1.停止 2.前進

3.前進左回転 4.横移動

5.後進 6.横移動

第4·14図 フォイト・シュナイダー・プロペラの作動図
Oブレードを取り付けたローターの中心Nは操縦点（Steering Center）である。
Oを中心としてブレードを取り付けたローターが回転する。Nを動かすことに
よりブレードのピッチが変り推力が発生し，船は前後進，回転が自由に行える。

ので速力と効率に限界があり, 最近ではウォーター・ジェット推進が見直され高速船艇に使用されています。

第4・15図は新潟～佐渡間に就航しているウォーター・ジェット船ですが, 主機は航空機と同じガス・タービンで, これによりポンプを動かし, 船尾より毎分最大180トンの海水を噴射し時速87kmという高速道路を走る自動車並みのスピードで航海をします。

また, 海上自衛隊のミサイル艇 (**写真4・7**) もウォーター・ジェット推進です。

写真4・7 ミサイル艇
基準排水量 50トン／長さ 21.8m／幅 7.0m／喫水
1.4m／船型 ハイドロフォイル型 (水中翼型) ／主機 ガスタービン 4,000馬力 1基：ウォータージェット 1基
従来の魚雷艇の後継艇として開発された。
SSM (艦対艦ミサイル) 1B 4連装発射筒2基搭載。
(海上自衛隊提供)

4・3・4 空中プロペラ推進

水面上に浮上して航走するエアクッション船では, スクリュー・プロペラは使用できません。このため航空機と同じ空中プロペラが使用されます。

写真4・8 空中プロペラ
船尾に2基の空中プロペラとその後に各
1枚の空中舵を備えたエア・クッション船

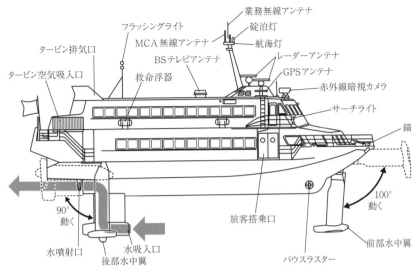

タービン排気口
タービン空気吸入口
フラッシングライト
MCA無線アンテナ
救命浮器
BSテレビアンテナ
業務無線アンテナ
碇泊灯
航海灯
レーダーアンテナ
GPSアンテナ
赤外線暗視カメラ
サーチライト
錨
90°動く
水噴射口
水吸入口
後部水中翼
旅客搭乗口
バウスラスター
100°動く
前部水中翼

第4·15·A図　ジェットフォイルの構造図

ジェットフォイルは，船体を海面上に浮上させて走行することで，3.5mの荒波でも時速80kmの超高速で走行することができる。3,800馬力のガスタービン2基でウォータージェットポンプを動かし，船尾の水噴射口から1 cm²につき9 kgの高圧力で噴射させ前進する。前進すると船体の前後にある水中翼に揚力を生じ海面上に浮上する。

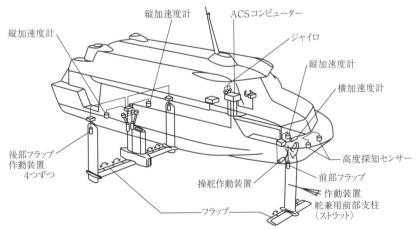

縦加速度計
ACSコンピューター
縦加速度計
ジャイロ
縦加速度計
横加速度計
後部フラップ作動装置4つずつ
高度探知センサー
操舵作動装置
前部フラップ
作動装置舵兼用前部支柱（ストラット）
フラップ

第4·15·B図　自動制御装置

コンピューターにより自動制御させる前部水中翼フラップの働きで常に海面からの高さを一定に保つと同時に，後部水中翼フラップの働きにより高波を受けてもピッチングやローリングが発生しない。

　また，水深が浅いところや浮遊物が多くて水中プロペラの使用できない水域で使用する小型船で空中プロペラを使用しているものもあります。輸送艦「おおすみ」に搭載している LCAC（**写真 1・34・c**）も空中プロペラ推進です。

第5章　艤　　装

　船舶を建造する場合，船体だけでは船としての用はなさず，主機，補機，係船装置，操舵装置，航海計器，通信装置，居住設備，貨物設備，通風設備，照明装置，防火設備，救命設備，荷役装置などを取り付けることにより，乗組員が生活し，貨物や乗客を搭載し，大洋を航行することのできる船となります。船体に取り付けるこれらの設備を艤装品と呼びます。

　艤装はその内容により船体艤装，機関艤装，電気艤装に大別されますが，ここでは主要な船体艤装について記します。

　なお，船舶の建造工事は，船台またはドック内での船体の建造工事と進水後の艤装工事に分けられます。以前は船台または建造ドック内で鋼材の小さなブロックを順次組み立てて船体を建造した後進水させ，その後は艤装岸壁に係留して艤装工事が行われていました。最近の造船所では，艤装品もある程度組み込んだ大型のブロックを組み立てるブロック工法が進み，進水後の艤装期間はかなり短縮されています。また，ブロックの状態で艤装を行う方法をブロック艤装，早期艤装などと呼びます。

5・1　舵

　舵（Rudder）は船の針路を保持したり，変更したりするためのものです。このため，航走中の抵抗とならず，保針性，旋回性の良いことが要求され，多くの種類のものが開発されています。

　舵が船を旋回させる力は，舵の周囲の流圧力により発生します。第5・1図は平衡舵で右側に回頭するように舵をとったところの図です。水流により舵の右側には正，左側には負の圧力が加わります。この圧力を総合したものが R という舵面に垂直に働く圧力です。R を船首方向と船横方向の成分に分けてそれぞ

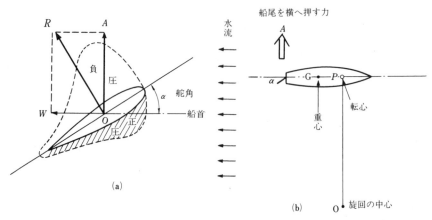

第 5・1 図 舵 の 作 用
水流により舵に P という力が働く。P の構成分 A が船尾を横移動させる力となる。

れ W, A とします。厳密には, 舵の水に対する摩擦力なども考慮しなければなりませんが複雑になるので省略します。

船を回頭させるのは横方向の力 A が船尾を左に移動させるためです。船体についてみてみると, 回転の中心となる転心 P は回頭の始めは重心付近にありますが, 次第に船首方向に移動し, 定常旋回をするようになると船首から全長の 1/3 付近が転心となります。

構造上, 1 枚の板でできているものを単板舵といい, 2 枚の板を合せて流線形にしたものを複合舵といいます。単板舵は, 昔はかなりの大型船にも用いられていましたが, 複合舵に比べ舵効きが悪いため, 今日では小型船にしか用いられていません。

また, 舵を回転させる軸の位置により釣合舵（平衡舵, Balanced Rudder, **第 5・2 図** (a), (b)), 半 釣 合 舵 (半 平 衡 舵, Semi-Balanced Rudder, **第 5・2 図** (d)), 非釣合舵（不平衡舵, Unbalanced Rudder, **第 5・2 図** (c)）に分類されます。

釣合舵は, 舵を回転させる軸の位置が, 舵に作用する水圧の中心（舵圧の中心という）とほぼ同じ位置にあるので, 非釣合舵に比べて舵を動かす力が少な

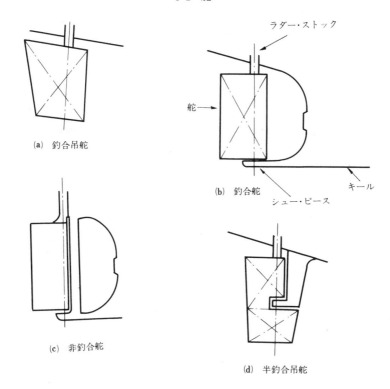

第 5·2 図　代表的な舵の種類

くてすみます。

　また，舵を支持する方法として舵を上部のみで支える吊舵（ハンギング・ラ
ダー，Hanging Rudder，第 5·2 図 (a), (d)）と舵の上下で支えるオーディナリー・
ラダー（Ordinary Rudder，第 5·2 図 (b) (c)）があります。

　ハンギング・ラダーは上部だけで支えるため構造を堅固にし，操舵機もオー
ディナリー・ラダーと比較すると大きなものが必要です。

　オーディナリー・ラダーの下部はキールから延びたシュー・ピース（Shoe
Piece，第 5·2 図 (b)）に支えられていますが，船尾構造が特殊な船ではキール
からシュー・ピースを出すことができないためハンギング・ラダーを用います

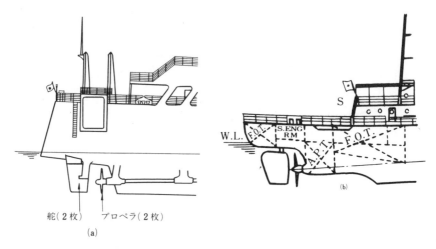

舵（2枚）　　プロペラ（2枚）

(a)

第5・3図　ハンギング・ラダーを取り付けた船舶
(a) はプロペラが2基のフェリーボート
(b) は船尾が特殊な構造のキャッチャーボート

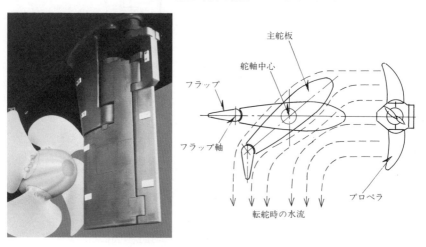

写真5・1・a　フラップ付き複合舵
ハイスキュー可変ピッチプロペラとフラップ付きのかもめK7ラダー

（第5・3図）。

　このような理由により，ハンギング・ラダーは軍艦，コンテナ船，漁船，フ

ェリーなどでよく用いら
れています。

　出入港頻度の高い内航
船では，港内などの狭い
海域や離着岸での操船性
を重視し，舵板の後端に
フラップを取り付けた舵
効きの良いフラップ付き
複合舵（**写真5·1·a**），通
常の舵の2倍の70度の
舵角をとることのできる

写真5·1·b　ジョイスティックコントロールシステム

舵など特殊な舵を備えた船が多く
なっています。これらの特殊な舵
とサイドスラスターなどを組み合
せ，ジョイスティックと呼ばれる
1本の操縦桿を任意の方向に倒す
ことにより，360度どの方向へで
もスラストを出すことができる操
縦システムが開発され，内航船で
用いられています（**写真5·1·b**）。

　フラップ付きの舵は，ベッカー
ラダー，かもめK-7ラダーなどの
商品名で売り出されています。

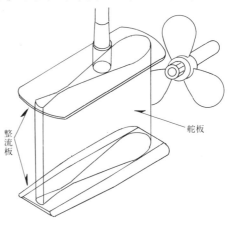

整流板

舵板

第5·4図　シリングラダー

　構造はいずれも大差はなく，フラップは主舵板に結合され，主舵板の転舵角
に比例して，その2倍の角度（主舵板の舵角が30度のときフラップは60度）
で振られるようになっています。

　第5·4図はシリングラダーと呼ばれる魚の形に似た断面形状をした舵板の上
下に整流板を取り付けた舵です。整流板によりプロペラ排出流のほとんどが舵

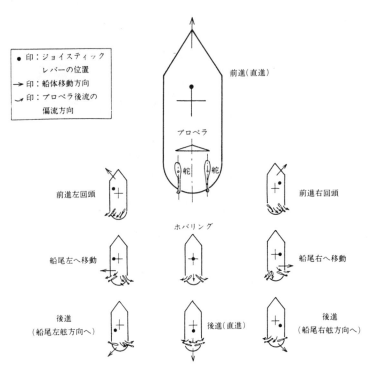

第5・5図　ベックツイン・システム
ジョイスティックと舵の動きおよび船体移動方向を示している。

板に当り，排出流が舵効として有効に利用できます。左右に70度動かすこと
ができ，舵角70度では前進力は全くなくなり，船尾は横移動します。後述のバ
ウスラスターと併用すれば船体を真横に移動することも，船体の中心を軸とし
てその場回頭することもでき，自動車よりも自由な動きができます。

　第5・5図は左右に105度まで動かせ2枚のシリングラダーを1本のジョイス
ティックで操作するベックツイン・システムのジョイスティックと舵の位置，
プロペラ後流の偏流方向，船体移動方向を示したものです。ジョイスティック
を動かした方向に，指示通りのスラストが発生するようそれぞれの舵が動かさ
れます。

ジョイスティックを船尾方向に倒すと右舷の舵は右105度，左舷の舵は左105度の舵角となり，排出流は舵により前方へ向きを変え，船体は後方へ直進するので，プロペラは前進方向へ回転したままで船体を後進させることができます。

ベックツイン・システムは英国の会社の商品名ですが，わが国でもフラップ付きの舵やバウスラスターなどを組み合せたジョイスティックコントロールシステムが数社から売り出されています。

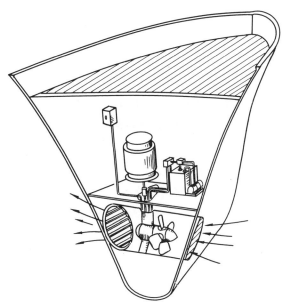

第5·6図　サイド・スラスター
船体の喫水下，主として船首部に設けた両舷を貫くトンネル内に設置される。プロペラによる排出流で船体を横移動することができ，船首に設けたものはバウ・スラスターとも呼ばれる。

　この他，港内で低速時の操船のためにサイド・スラスター（Side Thruster）と呼ばれる装置が，コンテナ船，RORO船，PCC，フェリー，客船，内航船などに設置されることが多くなりました。サイド・スラスターで，船首部に設けられたものをバウ・スラスター（Bow Thruster）といい船首水線下に横向きにプロペラを取り付け横方向に水流を出し，その推力により船首を回転させます**（第5·6図）**。

　舵の大きさは，27万トン型VLCCの例では高さ12.0m，横9.95m，面積119.4m^2，重量138トンもあり，これを動かす電動油圧の操舵機は約7,900kN・mのトルクを必要とします。

5・2　操 舵 装 置

　小型船の舵は人力で動かすことができますが，船が大型になり舵も大きくなってくると人の力では動かすことができず，長さ 60m 以上の汽船は機械を用いた動力操舵装置（Steering Gear）を備えることが規定されています。

　動力操舵装置には①蒸気操舵装置，②電気操舵装置，③電動油圧操舵装置の3種類がありますが，今日用いられているのは，大部分が電動油圧操舵装置です。これは，電動モーターにより油圧を発生させ，この油圧により舵を左右に動かすものです**（写真 5・2）**。

　操舵装置は船橋の舵輪の動きを船尾に伝え舵を動かすものですが，舵輪から操舵装置を動かすところまでを操縦装置または制御装置といい，①機械的操縦装置，②水圧式操縦装置，③電気式操縦装置の3種類があります。

　機械的操縦装置は舵輪の動きは歯車，鋼のロッドなどにより操舵装置に伝えるもので小型船に用いられます。

　中・大型船は昭和 30 年代までは水圧式と電気式の両方の操縦装置を持ってい

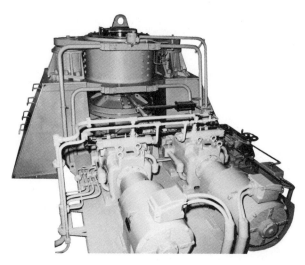

写真 5・2　ベーンポンプを用い油圧により舵を動かす操舵装置

ましたが，現在は電気式を２系統備えるようになっています。これは，電気式
はジャイロ・コンパスと組み合せて自動操舵が行えること，精度の良いこと，
保守点検が容易なこと，故障などに対する信頼性の向上などによるものです。

　電気式は，舵輪の動きを電気信号に変えて舵機室へ送ります。舵機室には電
動モーターおよびこれにより動かされる油圧ポンプ，油圧の流れをコントロー
ルする管制弁，ならびにこの油圧により動くシリンダーから成るパワーユニッ
トがあります。船橋からの電気信号は管制弁（電磁弁）を動かし，シリンダー
に流れる油をコントロールするので舵輪の動きはシリンダーの動きとなり，シ

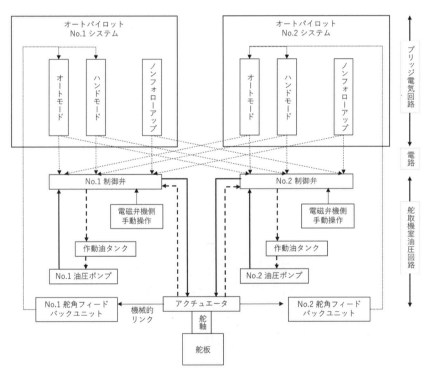

第5·7図 操舵装置の構成の一例
（参照：操舵装置―船舶の装備される油圧機器の例，江口嘉昌，日本マリンエンジニアリン
グ学会誌，p.46-52, 2019）

リンダーの動きで操舵機械を制御します**（第5・7図）**。

5・3 係 船 装 置

　船を岸壁，桟橋，ドルフィンなどに係留するための設備を，係船装置（Mooring Arrangement）といい，ウィンドラス，ムアリング・ウィンチ，キャプスタン，ビット，錨などがあります。

5・3・1 揚 錨 機 (Windlass)

　錨を巻き上げる機械で電動，油圧，蒸気などで動かされます。ジプシーホイールは錨鎖がしっかりはまる形状となっており，錨鎖は揚錨機の下部にあるチェーンロッカーからジプシーホイールを通り，ホースパイプを通って錨につながっています。両端にはワーピングエンドという，ロープを巻き込むための装置を設けています。写真5・3は，貨物船の船首部の係船装置の配置図です。右舷錨，左舷錨にそれぞれウィンドラスを設け，その両端にはホーサー・リールとワーピングエンドが取り付けられて，クラッチで切り替えることにより錨

写真5・3　船首部の係船装置

鎖またはホーサーの巻き込みをします。写真5·4はワーピングエンドでホーサーを巻き込んでいるところです。

5·3·2 ムアリング・ウィンチ（Mooring Winch）

係船索の巻き出し，巻き込みを行うためのウィンチです。最近の船では省力化のためホーサーやワイヤーを巻いておくドラムを中央部に，両端にワーピングエンドを設けています。大型船では船首部に1〜3台，船尾に2〜4台が設置されています（**写真5·3**）。

写真5·4 ウィンドラスのワーピングエンド
右の井型はロープが摺れないようにするユニバーサルチョック

5·3·3 キャプスタン（Capstan）

係船索，錨鎖などを巻き込むための機械ですがウィンドラスやムアリング・ウィンチが水平軸に対して回転するのに対し，キャプスタンは垂直軸に対して回転します。

操作に人手がかかるため最近の商船ではほとんど用いられませんが，乗組員が多く，甲板上に不用なものを設置しないようにしている軍艦ではウィンドラスやムアリング・ウィンチの代わりにキャプスタンが用いられています（**写真5·5**）。

5·3·4 ボラードおよびビット

ホーサーやワイヤーなどを係止するための金具をボラード（Bollard）またはビット（Bitt）といい，色々な型のものがあります。船舶では写真5·6のように2本の柱を並列させたビットや十字型をしたクロスビットが用いられていま

(a) (b)

写真 5・5 キャプスタン

(a) は錨巻上げ，(b) はロープ巻き込みに使用中
(a) の上方デッキ端の O 型の金具はロープを船外に出すときに用いるムアリング・ホール（チョック）

す。

　岸壁にも一定の間隔でビットが設置されていますが，船から送り出した索の先端の輪（ボラード・アイ）をかけるだけなので船のビットとは異なり索がはずれにくい型になっています**（写真 5・7）**。

　欧米では船に取り付けられているものをビット，岸壁にあるものをボラードといいますが，わが国では JIS（日本工業規格）で写真 5・6 (a) のものを誤ってボラードとしたため，ビットとボラードの区別がはっきりしなくなっています。ボラードの語源は Bole（幹）であり陸岸の樹木に船を係留したことから派生しています。

（a）

（b）

写真5·6 ビット
(a) は2本の柱を並べたビット，(b) は十字形をしたクロスビットとクリート

5·3·5 フェアリーダーおよびムアリングホール

係船索を外板に出す場合，外板で急角度で曲ると強度が弱くなります。ムアリングホール（Mooring Hole，**写真5·5 (a)**）は丸みを持たせた金具で，チョックとも呼ばれ索の折れ曲りを防止します。

ホーサーリールから繰り出したホーサーは，甲板側にあるフェアリーダー（Fair Leader）を介して向きを変え，岸壁のビットにかけられます。船体がうねりなどで前後に動き索が擦り切れるのを防止するためのフェアリーダーにはローラーが取り付けてあります**（写真5·7）**。

写真5·7 岸壁のビット
岸壁のビットと船舶のフェアリーダー・ローラーが回転し，索の擦り切れるのを防ぐ。

写真5·4奥は井型にローラーを取り付けたユニバーサル・フェアリーダーで，

上下左右の方向にローラーがあるため，喫水の変化の大きな船や潮の干満の差の大きな地域で有効です。

5・4　荷 役 装 置

貨物を揚積することを荷役といい，このための設備を荷役装置（Cargo Gear）といいます。荷役装置には，コンテナ，雑貨，重量物などの荷役を行うデリックやクレーン，液体撒積貨物を輸送するカーゴ・ポンプなどがあります。

その他，セメント専用船，チップ専用船，尿素運搬船などは，ベルトコンベア，圧縮空気などを利用した荷役装置を持っていますが，これらは特殊のものなので本書での説明は省略しました。

5・4・1　デリック

船舶の荷役装置でクレーンの出現前に最も普及していたのがデリック

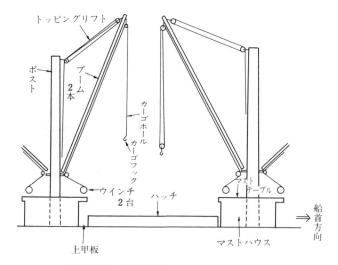

第5・8図　定期貨物船のデリックの側面図
船首部に2本，船尾部に2本，計4本のブームで2組の荷役が
可能。船首のカーゴフックにはブロックを取付けカーゴホール
を2重としているが，このようにすると同じウィンチで船尾の
ものの2倍の重量を巻き上げられる。

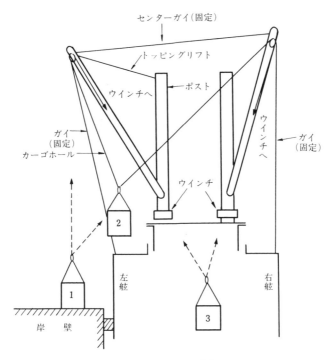

センターガイ（固定）

トッピングリフト

ウィンチへ ──┤ ポスト

ガイ
（固定）
カーゴホール ──

ウィンチ

2

左舷

ウィンチへ

ガイ
（固定）

右舷

1

3

岸壁

第 5・9 図 けんか巻き
2本のデリックを一組とし，ブームの位置はトッピングリフト
とガイにより固定する。貨物は両方のブームの先端と先端を結
ぶ線の下を2台のウィンチの操作により移動する。図は積込の
場合で 1，2，3 と貨物が移動する。前後方向は固定されてい
るので前部または後部に貨物を積むときは，荷役を中止しトッ
ピングリフトによりブームの傾斜を変える。ガイの調整も必要
である。

（Derrick）でした。これは，第 5・8 図，第 5・9 図のようなポスト，ブーム，ウ
ィンチ，ワイヤーなどからなっています。

通常，デリックで一般雑貨の荷役を行う場合，ブームを 2 本使用するけんか
巻き（Union Perchase）という方法が用いられます（**第 5・9 図**）。

材木や穀類などのように単一貨物の荷役には，2 本のブームと分銅を用いた
分銅巻きと呼ばれる方法を用いることがあります。これは，ブームの 1 本を固

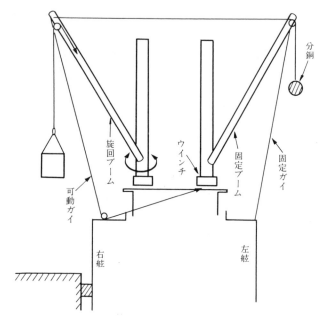

第 5·10 図　分 銅 巻 き

右舷で荷役を行う場合，左舷のブームは固定し右舷の荷役
用ブームは分銅（古いワイヤーをコイルにして用いること
が多い）により振込み，左舷のウィンチにより振出す。貨物
を巻き上げるのは右舷のウィンチを用いる。

定し，他の 1 本を旋回させる方法で，迅速な荷役が行えます（**第 5·10 図**）。

　重量物の荷役には，1 本のデリックを用いた振廻し式が用いられます。これ
は，トッピング・リフト，ガイをそれぞれウィンチで動かすことができるので
貨物を任意の場所に卸すことができます。

　最近の不定期船は，1 本のデリックを採用したものが多くなりましたが，こ
れは振廻し式の一種です。

5·4·2 クレーン

　デリックによるけんか巻きや分銅巻きは前後方向の自由度がなく，前後の調

整は固定されているト
ッピング・リフトとガ
イを伸縮させブームの
高さを変えることによ
り行うため人手と時間
がかかります。

クレーン（Crane）は
このような欠点を解消
し，1人の操作で貨物
を前後，左右，上下に
操作できる上に，荷役
の前の準備，荷役終了
後の格納も容易なた
め，設備費は高価です

写真 5・8 ガントリー・クレーン
コンテナ荷役用ガントリー・クレーンを甲板上に装備し
た内航コンテナ船十勝丸（4,923 総トン）の荷役。

が省力化ができるので普及してきています。

船舶に用いられるクレーンにはジブ・クレーン（**第 5・11 図**）とガントリー・
クレーン（**写真 5・8**）の2種に大別されます。

ジブ・クレーンは，船首に張るジブ・セイル（三角形の帆）に似た形のため
名付けられたものです。第 5・11 図のように2台を1組としたり，4台を1組
として重量物や長大物の荷役も行うことができます。

ガントリー・クレーンは，橋のようにハッチをまたいで前後に移動する大型
のクレーンです。コンテナ船，ラッシュ，オープンハッチ（**第 1・4・b 図**）など
に用いられています。

5・4・3 荷役用ポンプ

原油，LNG，LPG，メタノール，ワインなどの液体撒積貨物は，陸上のポン
プで積み込まれ，揚荷は本船の荷役用ポンプで行われます。

原油タンカーの荷役用ポンプは，機関室と後部のタンクの間に設けられたポ

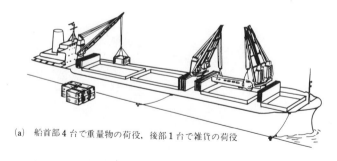

(a)　船首部4台で重量物の荷役，後部1台で雑貨の荷役

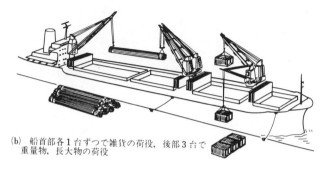

(b)　船首部各1台ずつで雑貨の荷役，後部3台で
重量物，長大物の荷役

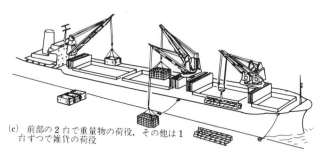

(c)　前部の2台で重量物の荷役，その他は1
台ずつで雑貨の荷役

第5・11図　ジブ・クレーンによる荷役

ンプ・ルーム内に設置されていますが，LPG船，LNG船，ケミカルタンカーなどでは各タンクの底部にサブマージド・ポンプ（Submerged Pump）を設置するためポンプ・ルームはありません。

　ポンプの容量は船の大きさに比例しており，超大型船では24時間以内に荷

役が終了するように設計されています。27万トン型の原油タンカーのポンプの一例を第5·1表に記してあります。メイン・ポンプは蒸気タービンで駆動されるうず巻きポンプで，4台あり，1時間16,000m³の荷役が可能です。

第5·1表 27万重量トン型原油タンカー明泰丸の荷役装置

ポンプの種類	能　　力	台　数
メインポンプ	4,000m³／h	4
バラストポンプ	3,500m³／h	1
ストリップポンプ	300m³／h	1
エダクター	400m³／h	2

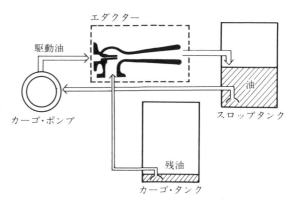

第5·12図 ジェット・ポンプ（エダクター）による浚え

うず巻きポンプの特性として，原油が少なくなってきて吸入側の圧力が低下するために発生するガスや空気の吸込現象のため能率が低下したり，機能しなくなったりします。このため，タンク底部に残った原油を浚うためにストリップ・ポンプ（Strip Pump）が必要になります。これは，蒸気駆動の往復動ポンプであり，空気やガスを吸込んでも支障のない特性を持っています。

最近の船では，浚えを行うのにエダクター使用する船が多くなりました。エダクターのない船はストリップ・ポンプを3〜4台設置していますが，エダクター装備の船では往復動ポンプは1台しかありません。

エダクターは，ウォーター・ジェット・ポンプの一種でメイン・ポンプにより高速の原油を流し発生する負圧により油を吸引します（**第5·12図**）。したがって，エダクターを駆動するための十分な油がある間しか動作しないため，最後にはストリップ・ポンプが必要になります。

5・5　船 橋 設 備

　船橋は，操船の指揮を行う場所で，航海中の船の中枢となります。このため，船橋には，航海計器，操舵装置，火災探知機，機関のリモート・コントロール装置，艙内の換気および温度の制御装置，冷凍コンテナの作動状況の監視装置，VHF や発光信号灯などの通信装置など主要な装置が集中しています。

　船橋は操船を行う操舵室（Wheel House）と海図室（Chart Room）に分かれますが，最近の新しい船では操舵室の内部に海図台を設け，夜間はこの部分を遮光カーテンで囲み，操舵室内に光が漏れないようにしています。さらに，ECDIS（電子海図情報表示装置）を 2 台搭載している船舶は，紙海図の保持義務がないため，海図室を省略することが可能となりました。

　最近の船では，船橋にコントロール・センターを配置し，操舵室，機関制御室，無線室などの船舶に必要な主要機能を同一フロアーに集結しています。また，バラスト制御，補油，補水，ホールド・ビルヂ排水，火災探知などもコントロール・センターで監視できるので，船全般にわたる管理業務が一元的に行えます。さらに，1996 年に IMO で国際基準として認められた IBS（Integrated Bridge System）があります。IBS は機器間の信号接続により，航海や荷役に関

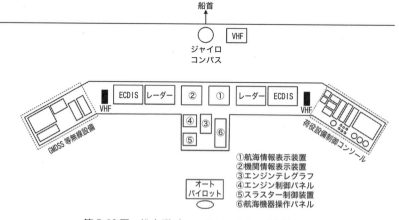

①航海情報表示装置
②機関情報表示装置
③エンジンテレグラフ
④エンジン制御パネル
⑤スラスター制御装置
⑥航海機器操作パネル

第 5・13 図　総合型ブリッジシステムの配置例

する情報を集中管理・制御し，安全で効率のよい航海を実現するシステムです
(**第5・13図**)。

5・6 居住設備

　最近建造される外航貨物船の乗組員の私室は全員が個室になっています。一
般職員，部員の個室は，1部屋にベッド，事務用机，ソファーとテーブル，洋
服たんす，洗面台などが要領よくまとめられています。船長の部屋は，専用の
公室，私室，浴室があり，機関長の部屋も船長の部屋に準じています（**第5・14
図**）。

　全員の利用する部屋としては，職員の食堂（Saloon），部員の食堂（Mess
Room），喫煙室（Smoking Room），娯楽室，体育室などがありますが，単調な
航海の続く専用船では和室も設け，乗組員が寛げるようにしています。

　その他，調理室（Galley），事務室，風呂，便所，洗濯室，乾燥室，病室など
が設けられています。

　客船の客室は，船長の部屋に匹敵するものから部員の部屋より狭いものまで
等級により異なりますが，公共で利用する社交室，カード・ルームなどが多く
設けられています（**写真5・9，第1・2・a図**）。

5・7 救命設備

　救命設備には，救命艇，救命筏，救命胴着などがあります。

　救命艇（Life Boat）は，木，合成樹脂，金属などで作られた長さ7〜8mの
ボートです。荒天の中でも沈まないように艇内に空気タンクなどの浮体を取り
付けています。

　タンカー用の救命艇は，火の海の中を，艇を密閉したままスプリンクラーで
周囲を冷却しながら航走するものもあります。内部に圧縮空気を備えており，
乗員を窒息死することから守ります（**写真5・10**）。

　何日も洋上に漂い救助を待つことがあるので，ランプ，飲料水，食料，応急
医療具，釣道具，信号炎などを積み込んでいます。

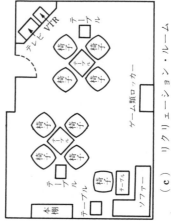

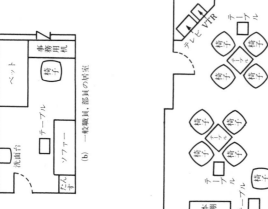

(b) 一般職員, 部員の居室

(c) リクリエーション・ルーム

(a) 船　長　室

第5・14図 貨物船の居室

(a) 船長室, デイ・ルーム, ベッド・ルーム, バス・ルームよりなる。

(b) 一般の職員, 部員の居室, 便所, 浴室は供用。

(c) レクリエーション・ルーム。

(a)

(b)

(c)

(d)

写真 5・9 客船の居住区
(a) ラウンジ (b) リド デッキ
(c) サロン   (d) 特別室
(e) レセプションホール
              （日本郵船提供）

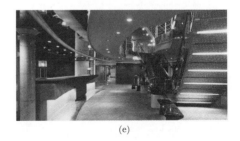

(e)

　救命艇を水面に降下させる装置をボート・ダビッド（Boat David）といいま
すが，今日使用されているもののほとんどはボートの重さで自動的に降下する
重力型のものです（**写真 5・11**）。なお，規定のばら積船は船尾に最大搭載人員
分の自由降下式救命艇と各舷に最大搭載人員分の筏を備え付けることとなって

写真 5・10　タンカー用救命艇
流れ出た油が炎上する酸素の少ない火の海を，カバーを閉鎖しスプ
リンクラーで放水をしながら10分間航走する空気を内蔵している。
乗員 50 〜 60 人，スピード 6 ノット以上。

います。

　荒天の中で救命艇を安全に降下
させることは非常に困難を伴いま
すが，筏は水面に投下するだけで
使用できます。このため，貨物船
では，救命艇に加えて総乗船者数
の半数を収容することができる救
命筏を積載することが義務付けら
れています。また，客船は，航行
する航路により救命艇の一部を救
命筏とすることができます。

　救命筏には膨張式救命筏と固型
式救命筏がありますが，前者は海
面に投下されると炭酸ガスにより
自動的に展張し荒天の場合でも有
効に使用できます。筏の内部にも

写真 5・11　ボート・ダビット
ボートの重量により滑り降りて舷側に
振り出される。

食料，水，応急医療具，信号炎などが備えられています（**写真 5・12**）。

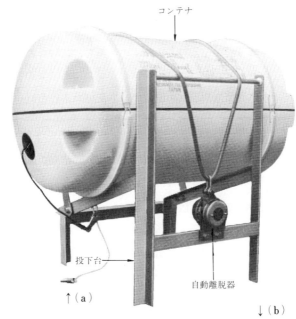

コンテナ

投下台

自動離脱器

↑(a)　　　　　　　　↓(b)

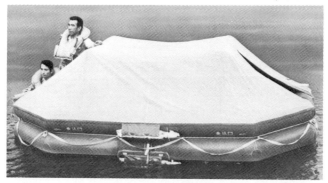

写真 5·12　膨張式救命筏

(a)　コンテナに収納され投下台に取り付けられた膨張式筏。
投下台とコンテナを結ぶワイヤーにより液化炭酸ガスボ
ンベの破壊弁を破り筏を膨張させる。自動離脱器は手動
および水圧で作用するので，船が沈没しても筏は浮上す
る。

(b)　水面で膨張した救命筏，定員20人。

5・8　防火ならびに火災探知および消火装置

　船舶の火災は，逃げ場所がないため陸上の火災とは比較にならぬほど恐ろしいものです。このため，海上における人命の安全のための条約では，次のような基本原則により防火構造や消火装置について詳細な規定を行っています。

① 　船舶を防熱上および構造上の境界により長さ40メートルを超えない仕切られた区域に区分すること。

② 　居住区域を防熱上および構造上の境界により船舶の他の部分から隔離すること。

③ 　可燃性材料の使用を制限すること。

④ 　いかなる火災もその発生場所において探知すること。

⑤ 　いかなる火災もその発生場所内で抑止し，消火すること。

⑥ 　脱出設備および消火のための接近手段を保護すること。

⑦ 　消火設備を直ちに利用し得るようにしておくこと。

　特に，多数の乗客を搭載する客船や危険物を積載するタンカーなどで火災が発生し悲惨な結果を招いた事例が多いので，客船とタンカーに関しては防火構造の規定が厳しくなっています。

　火災を制御するための手引きとして火災制御図を備えることになっていますが，これには防火構造により囲まれた区域，火災警報装置，スプリンクラー装置，消火設備，通風装置などの詳細が一目で分かるように記してある図面です。

　消火設備には，消火ポンプ，消火せん，消火ホース，持運式消火器，固定消火装置などがあります。また，タンカーには火災，爆発防止のため貨物槽に不活性ガスを送るイナート・ガス装置も設けられています。

5・8・1　消火ポンプ，消火主管および消火ホース

　消火ポンプは独立に駆動することが要求されますが，衛生ポンプ，バラスト・ポンプ，雑用水ポンプとして用いることが認められているので，これらのポンプを消火ポンプと共用して用いるのが普通です。

　総トン数 1,000 トン以上の船舶は，機関室が火災になった場合，機関室内部のポンプが使用できなくなることを想定して独立駆動の非常ポンプを備えていますが，通常これは船尾の舵機室に設けられています。

　消火主管と消火せんは，別個の消火せんから，船舶の内部のどの部分に対しても 2 条の射水を行えるよう配置しなければなりません。消火ホースの数は，船舶の長さ 30m 当り 1 組および予備 1 組とし，最低数は 5 組とされています。なお，ホースにはノズルを付けますが，機関室に用いるノズルは射水および噴霧両用のもので，油火災に対しても使用できます。

5・8・2　固定式消火装置

　固定式消火装置には，①炭酸ガスのような鎮火性ガスを用いるもの，②機械泡発生装置により加水分解したたん白質の濃水液を泡原液としてこれを数％と水 90 数％を混合し発生した泡を用いるもの，③加圧水を噴霧ノズルから噴射し水霧を発生させるもの，④自動スプリンクラー装置などがあります。

　固定式ガス消火装置は，主として貨物船の消火に用いられ，炭酸ガスを送るパイプは，火災探知機に接続されており艙内の煙を光電管により探知します。火災探知機にはこの他に，火災による空気の膨張を利用した空気管式，空気の電気抵抗の変化を利用するイオン式探知機などがあります。

　なお，古いタンカーでは固定式消火装置に蒸気を用いるものもありますが，静電気が発生し危険なため新造船には認められていません。

　固定式泡消火装置は油の火災に有効であるため，機関室内やタンカーの貨物タンクに対して用いられます（**第 5・15 図**）。

　固定式加圧水噴霧装置は機関室内に使用され，ノズルは，ビルヂ，タンク頂部その他の燃料油が広がることのある場所の上方などに設置されます。

　自動スプリンクラー装置は，客船の居住区域および業務区域の天井に設けられ，温度が 68℃ 〜 79℃ に達すると自動的に散水を開始します。

　タンカーには，この他イナート・ガス装置が設けられますが，これは酸素濃度 5 ％以下のボイラーの燃焼廃ガスを洗滌し貨物タンク内に送り，タンク内の

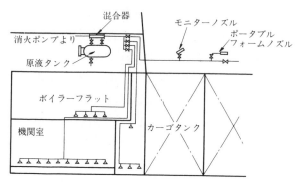

第5・15図　空気泡消火装置の配管（タンカーの場合）
　　空気泡消火装置は，消火ポンプ，原液タンク混合器，発
　　泡器とこれらを接続する弁，配管その他付属品から構成
　　される。
　　ポンプから圧送された海水は，プロポーショナー（混合
　　器）にて，エアフォーム原液と一定比率で混合され，こ
　　の混合液は発泡器に至ってさらに空気を吸引撹拌し空気
　　泡となって散布される。

酸素を少なくして爆発を防止する装置です。

5・9　諸 管 装 置

　船体の内部には，ビルヂの排水，清水の移送，海水の注排水などのための多
数の配管が行われており，これらを総称して諸管装置といいます。また，配管
別のために色別のテープを巻いてあります。

5・9・1　ビ ル ヂ 管（Bilge Pipe）

　ビルヂは，漏水，発汗などにより船底に溜る水で，日本語では，淦<small>あか</small>と呼ばれ
ます。ビルヂは船底の両舷の湾曲部に溜るようになっているので，この湾曲部
分もビルヂと呼ばれます。

　ビルヂ管は，船内に溜ったビルヂを排出するための配管ですが，海難などに
よる相当量の浸水を排水できるよう管径，ポンプの容量が定められています。

　ビルヂの量の測定は，船体が正常な状態にあるかどうかを判定する最も有効

な手段の一つです。このため，ビルヂ溜（ビルヂ・ウェル，Bilge Well）には必ず測深管を設けており，甲板上から測深管を通して測深棒（Sounding Rod）を降し，その量を計測できるようにしています。

　なお，バラスト・ポンプや雑用ポンプもビルヂ管と連結をしており，ビルヂ・ポンプが故障してもビルヂが排出できるようになっています。

5·9·2　バラスト管（Ballast Pipe）

　バラストは船舶の復原力，喫水などを調整するための錘りであり，コンクリートや鉄を用いるものと，タンクに水を注入する方法があります。前者を固形バラストといい，後者を水バラストといいますが，水バラストを注排水するためのポンプがバラスト・ポンプで，そのための配管をバラスト管といいます。

5·9·3　甲板洗滌管（Wash Deck Pipe）

　上甲板上に船首から船尾まで配管されており，甲板を洗滌するのに用いられる管です。本来は消火主管として配置されているものですが甲板洗滌にも用いるのでこのように呼んでいます。

5·9·4　清　水　管（Fresh Water Pipe）

　私室，浴室，厨房などに清水を送るための配管です。古い船では，船橋の後部に2〜3トンの容量の重力タンクを設けそれぞれの場所へ給水していますが，新しい船では重力タンクは設けないで直接機関室内の圧力ポンプから給水する方法が用いられています。

5·9·5　衛　生　管（Sanitary Pipe）

　浴室，便所などへ海水を給水するための配管で，清水管と同じように古い船では重力タンクを用いていますが，新しい船では圧力ポンプにより直接給水を行います。

5・9・6 排 水 管 (Scupper Pipe)

　厨房，居室，風呂場などで使用した排水，便所の汚水，甲板上に打上げられた海水などを船外へ排出するための配管です。また，中甲板や倉庫内に入った水をビルヂへ落すような配管も排水管といいます。

　一定の高さから下方に排出する排水管には，波などにより海水が逆流してこないようストーム・バルブ（波止弁，Storm Valve）という不還弁（Non Return Valve）を設けることが規定されています。

　また，外板を貫通する排水口をいくつも設けることは安全上好ましくないため，衛生管などの他の管と一緒にして排出するようにし，外板の開口の数を少なくするようにしています。このため，排水口付近に小さなタンクを設け，このタンクに便所，洗面所，厨房などからの排水管を集め，タンクからは1本の管で外板の開口から排水するようになっています。

5・9・7 油 管 (Oil Pipe)

　燃料油，潤滑油等の積込，移送などに使用するための配管です。油は水に比べると粘性が高く，漏洩しやすい性質があるため，水と同じ量の油を移送するためには太い管が必要です。また，パッキングは耐油性のものを使用する必要があります。

　油管であることを明示するために，燃料油管のバルブのハンドルは赤色に，パイプには赤色の帯を塗装することが定められています。潤滑油は黄色で示されます。

　なお，清水管は青，海水管は緑，蒸気管は銀色，圧縮空気管はねずみ色，ビルヂ管は黒が識別色と定められています。

5・10 塗 装

　塗装の目的は，防蝕，防汚，美観などです。それぞれの目的に合った塗料が開発されており，塩化ゴム系，エポキシ樹脂系，ビニール系，油性系と多くの種類があります。船舶の塗料は，塗装場所により，船底塗料，水線塗料，外舷

塗料などに分けられます（**第5·16図**）。

　船底塗料は常に海水に侵されており防蝕性と生物付着防止性が要求されます。鋼材の腐食を防止するための船底1号塗料（Anti Corrosive Paint, A/C）を塗り，その上に生物などの付着による汚れを防止するための船底2号塗料（Anti Fouling Paint, A/F）を塗装します。また，最近は，省エネルギー対策として船底塗料に自己研磨塗料（Self Polishing Copolymer, SPC）が用いられるようになりました。これは，塗膜が少しずつ溶け出して常に表面を滑らかに保つものです。ふじつぼなどの生物の付着を防止するためには有機スズ（TBT：トリブチルスズ）を含む塗料が有効であり，世界で広く使用されていました。しかし，一部の魚介類から高濃度の有機スズ化合物が検出され，これが環境ホルモンとして問題となり，2001年IMOにおいてAFS条約（船舶の有害な防汚方法の規制に関する国際条約）が採択され，2008年に発効しました。本条約により，海洋環境および人の健康保護のため全ての適用対象船舶について，2,500mg/kgを超えるスズを含む有機化合物を用いた防汚方法が禁止されました。有機スズ系防汚塗料の効果が非常に高く，これと同程度の性能を有する代替塗料が開発されていないという理由で諸外国は条約制定に反対していましたが，非有機スズ系の防汚塗料の研究開発も進み，かなりの効果を示すものも現れています。

　水線塗料（Boot Topping Paint, B/T）は，満船時は海水に漬り，空船時は水面上に出ているため，防蝕性，生物付着防止性，耐候性，耐すり傷性が要求されます。B/TはA/Cを塗った上に塗装します。外舷塗料は，常に水面上にあるため防蝕性，耐候性，耐すり傷性が必要です。外舷塗料も下塗りにはA/Cを用います。

　甲板にはデッキ塗料を用いますが，甲板上では荷役を始めとして各種の作業が行われるため，防蝕性，耐候性，耐摩耗性，耐油性，

第5·16図　船体に用いられる塗料

耐衝撃性が要求されます。比較的明るい色が多く用いられますが，あまり明るい色ですと晴天の時にまぶしくて作業に差し障りがあり，ねずみ，茶，緑系統の色が多く用いられています。

　甲板室などの上部構造物は，商船ではほとんどが白またはクリーム色ですが，軍艦では船体外舷と同じねずみ色に塗装しています。

　煙突は，各社特色のあるデザインや塗装が施されており，煙突によりどこの会社の船かが分かります。これを煙突マーク（Funnel Mark）といいます。

第6章　海洋環境保護対策に対する船舶の対応

6・1　船舶起因の温室効果ガス・大気汚染物質の削減

　海運は，ばら積船による原材料・半製品・農作物の輸送，コンテナ船による製品・半製品・食品などの輸送，原油を輸送する原油タンカーや LNG タンカーによる，エネルギー資源や化学工業の原料輸送などにより，世界の多くの人々が豊かな生活をすることに貢献をしてきました。しかし，商船は石油を燃焼させて推進しているので，大量の温室効果ガス（GHG：Green House Gas）である二酸化炭素，大気汚染物質である NO_x，SO_x などを大気中に放出し続けてきました。

　近年の生活水準の向上に伴うエネルギー資源の大量消費は，大気中の二酸化炭素の増加をもたらし，世界規模の気温上昇が人類の将来と大きく関わり，化石燃料の枯渇も問題になっており，船舶運航に関わる省エネ技術が注目されています。

6・2　国際的な対策

　1992 年，世界は地球や人類にとっての危機である地球温暖化問題を解決に導くため，国連の下「気候変動に関する国際連合枠組条約」を採択し，地球温暖化対策に世界全体で取り組んでいくことに合意しました。この条約に基づき1995 年から毎年，気候変動枠組条約締約国会議が開催されています。

　また，1997 年に京都で開催された気候変動枠組条約第 3 回締約国会議では，先進国の拘束力のある削減目標を明確に規定した「京都議定書」に合意し，世界全体での温室効果ガス排出削減の大きな一歩を踏み出しました。

　海運は世界経済の大動脈であり，国際海運から排出される CO_2 は，2018 年で

　約9.2億トン（世界全体の排出量の約3％。ドイツ1国分に相当）ですが，発展途上国等の海上貿易量の増加に伴い，将来的に大幅に増加していくことが予想されており，CO_2排出規制の国際的枠組みの確立が急務となっていました。

　しかし，国境を越えて活動する国際海運は，国ごとの排出量割り当ての仕組みがなじまないため，京都議定書は国際海運には適用されず，同議定書第2条第2項では，IMO（国際海事機関）において，CO_2排出量の抑制対策を検討することとされ，これまで温暖化対策がとられてこなかった分野でした。

　2011年7月IMOのMEPC62（第62回海洋環境保護委員会）において，「エネルギー効率設計指標（EEDI：Energy Efficiency Design Index）」および「船舶エネルギー効率マネージメントプラン（SEEMP：Ship Energy Efficiency Management Plan）」の義務化について，海洋汚染防止条約（MARPOL条約）附属書VIの一部改正案が採択され，国際海運分野に初めてCO_2排出規制が導入されることとなりました。

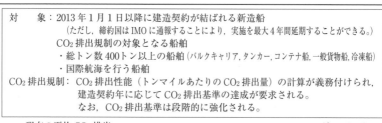

第6・1図　CO_2排出規制の内容

ECA内の船舶はECAの基準を満たす燃料油の使用が必要になります。すなわち、船舶は通常の燃料油からより厳しいECA基準を満たす燃料油に切り替える必要があります。切り替えのタイミングについて、MARPOL条約附属書ⅥのRegulation 14. 6では、船舶はECA入域前に完全にECA基準を遵守した燃料油に切り替えることが要求されています。同様にECAを出る際にはECAを離れるまで切り替えを行うことはできません。

第6·2図 排出規制海域（ECA）

第6·3図 燃料油の硫黄濃度の上限値

2013年以降新たに建造される船舶は，船舶の種類毎に設定された「CO$_2$排出基準」を満たすことが要求され，当該基準は段階的に強化されるため，将来的に，船舶は燃費性能の優れたものに順次入れ替わることになります**（第6·1図）**。2017年10月IMOのMEPC73において，大型コンテナ船および一般貨物船については2025年からの適用規制値を2022年に前倒し，さらにCO$_2$排出量の多いコンテナ船については規制値を40％に強化されました。

また2021年6月のMEPC76において，既存船のCO$_2$排出削減対策として大

型外航船に対して「既存船燃料規制（EEXI：Energy Efficiency Existing Ship Index）」と「燃費実績（CII：Carbon Intensity Indicator）格付け制度」の導入が合意され，2023 年に規制が開始され今まで非対象であった既存船に対しても CO_2 排出規制が適用されることになります。

　さらに，船舶による大気汚染物質排出量は段階的な削減が定められ，より環境に敏感で海岸に近接している排出規制海域（ECA：Emission Control Area）ではより厳しい要求が適用されます。したがって，許容される SO_x，NO_x の排出レベルは船舶の地理的位置によって異なってきます。ECA 内の船舶は ECA の基準を満たす燃料油使用が必要になります。すなわち船舶は通常の燃料油からより厳しい ECA 基準を満たす燃料油に切り替える必要があります（**第 6・2 図，6・3 図**）。

　国際的に脱炭素化に向けた機運が一層高まる中，国際海運においても更なる GHG 排出削減が重要な課題となっています。IMO では 2018 年 4 月の MEPC72 において GHG 排出削減目標や対策を盛り込んだ「GHG 削減戦略」を採択しました。これは，2008 年をベースに 2030 年までに国際海運全体の燃費効率を 40％改善し，2050 年までに GHG 排出量を半減させ，今世紀中に GHG 排出ゼロを目指す内容となっています。

6・3　造船所と船社の協力による省エネ技術

　船舶の省エネ技術で最も効果があるのは，船型を大きくして一度に多くの貨物を輸送することです。船型の大型化はコンテナ船，ばら積船，タンカーなどでは船社，造船所がそれぞれ省エネ船の研究開発や省エネ運航技術の改善をしているだけでなく，国も積極的に指導や支援を行っています。1 万 TEU 以上の大型コンテナ船を ULCS（Ultra Large Container Ships）と呼びますが，現在就航している最大の ULCS は 2022 年 9 月に韓国の三星重工で建造された 24,000TEU の「Ever Aria」です。コンテナ船の大型化は，現在の技術・港湾施設・スエズ／パナマ運河通航規則・マラッカ海峡の水深・貿易量などさまざまな制約がありますが，今後の動向が注目されます。大きさの限界は長さ約

第 6·1 表　革新的省エネ技術開発プロジェクト

技術分野	プロジェクトの概要	CO_2 削減目標
抵抗が少ない・推進効率の高い船型の開発	空荷時に積載するバラストを少なくし，推進効率を高める船型の開発	10%
	二重反転プロペラの効率を有効に高める船型の開発	11%
	波浪中の抵抗増加の少ない PCTC（Pure Car Truck Carrier）向け船首形状の開発	2%
船体の摩擦抵抗の低減技術の開発	省エネコンテナ船の開発	10.5〜22.5%
	水中の船体を気泡で覆って船体の摩擦抵抗を低減する技術（空気潤滑法）の開発	7%
	空気潤滑法による船体摩擦抵抗低減技術の浅喫水2軸船による実船実証	10%
	超低燃費型船底防汚塗料の開発	10%
プロペラ効率の向上	プロペラ中心部の渦の低減・プロペラ翼面積比の減少による高効率プロペラの開発	3%
	プロペラ前後の流れを制御・活用しプロペラ効率を向上する省エネ付加物装置の開発	3%
	可変ピッチプロペラや軸発電機を活用した主機の負荷変動を平準化する制御装置の開発	2%
ディーゼル機関の効率向上・排熱回収	大型低速ディーゼル機関の燃焼最適化技術の開発	9%
	小型ディーゼル機関の高効率排熱回収システムの開発	6%
	小型デュアルフュエルディーゼル機関の開発	15%
	船用ハイブリッドターボチャージャーの開発	2%以上
運航・操船の効率化	海気象・海流予想データを用いた低燃費最適航路探索システムの開発	5%
	滞船を減らし運航効率の向上に資する運航管理システムの開発	20%以上
	自動車運搬船の船型大型化に伴う船舶性能に関する研究開発	12%
	風や海流等の中で，最もロスの少ない最適操船情報を提供するシステムの開発	3%
ハイブリッド推進システムの開発	詳細運航データのモニタリングによる本船の運航及び性能分析システムの開発	2%
	複数電源を有効活用するギガセル電池による給電システムの開発	2%
	高性能・高機能帆を用いた次世代帆走商船の研究開発	5%
	太陽光発電パネル設置船にリチウムイオン電池を用いる給電システムの開発	2%

400m，喫水 16m，船幅 60m になると試算されています。

　国が支援している主要な革新的省エネ技術開発プロジェクトの概要と CO_2 の削減目標の例を第6·1表に示します。現在北西欧州海域，北米沿岸海域に設けられた ECA では 2015 年以降は硫黄分が 0.1%，一般海域では 2020 年以降は硫黄分が 0.5% を超える燃料油を使用することができません。このため低硫黄重

油や，排気ガスに SO_x を含まない LNG，メタノールなどを使用するか，排気ガス脱硫装置を設置してこれまでの重油燃料を使用することなどが考えられていますが，資源としては天然ガスの埋蔵量が多いことや LNG がクリーンな燃料であることから，これらの基準を満たすには LNG 燃料船が有利なようです。

　川崎重工，三井物産，東京ガス，三菱重工などが相次いで新船型 LNG 船を建造，2017 年から就航しています。

　三井物産は米国で進めているキャメロン LNG プロジェクトにおいて，日本を中心とした需要家への年間 400 万トンの LNG 輸送をしています。155,000m³ のタンク容量を持ち，2016 年に拡幅されたパナマ運河を通峡可能な幅の汎用性の高い船型です。LNG タンカーのボイルオフガスと重油のどちらの燃料でも運航できる船舶を「二元燃料船 DFV（Dual-Fuel Vessel）」，油とガスのどちらでも使用できるディーゼル機関を「DFD（Dual-Fuel Diesel Engine）」と呼びますが，機関および推進システムは DFD 電気推進システムを採用し，2 軸推進方式により推進性能を高めています。

　東京ガスは米国コープポイントプロジェクトからの LNG 輸送に使用するため，拡幅されるパナマ運河を通過し日本へ輸送する船を発注し，2018 年から運航しています。SPB 方式（自立角形タンク方式）で貨物槽容積は 165,000m³ と，パナマ運河を通過する LNG 船では最大級です。主機は低硫黄油（軽油），重油およびガスの 3 種を燃料としてディーゼル機関により発電し，電気モーターによりプロペラに推進力を伝える三元燃料船（TFV）で，第 6・2 図に示す排出規制海域（ECA）を航行中の SO_x 排出規制を遵守し，地球環境を保護します。

　また，三菱重工は 18 万 m³ の上半球部分が下半球部分より広がったリンゴ形状のタンクを 4 基搭載し，蒸気タービンと重油とガスの二元燃料ディーゼルエンジン発電機関を組み合わせたハイブリッド 2 軸推進システムを開発しました。長さ 297.5m，幅 48.94m，深さ 27m，喫水 11.5m で幅は新パナマ運河の制約 49m 未満になっています。

　日本国内の LNG 船の着岸可能な長さは 300m であり，米国ガルフ積みシェールガスを日本に輸送する最大船型になります。

　計画中または発注済み ULCS でも，重油と燃料 LNG の両方で運航できる二元燃料機関を装備する船がほとんどです。

6・4　造船技術による対応

　2万 TEU 型の ULCS 建造に当たっての一番の課題は排出する温室効果ガスの削減と許容される燃料油の硫黄含有量および ECA における NO_x などの規制です。

　大型船では天然ガスの液化過程で硫黄分が除去される液化天然ガスを使用するのが環境負荷を低減するのに有利であるとの考えから，近年，船主，造船所，研究機関などが中心となり LNG 燃料船の概念設計が行われ，条約を守るための設備をしたコンテナ船や LNG 船の試設計が公表されています。LNG 燃料船としては，2020 年には約 7,000 台積の PCC が，2022 年には内航フェリーが竣工しています。その他，外航，内航問わずあらゆる船種において LNG 燃料船が竣工，建造されています。また，LNG 燃料船の普及が地球環境の保護のために必要であるとしても，世界の主要港で小型 LNG 船などにより燃料用の LNG を供給できるインフラの整備をはじめ，燃料用 LNG の貯蔵タンクや配管の基準，機関の取扱の変更など解決すべき多くの問題点があります。これらは，国土交通省の補助対象事業と認められ，業界で共同研究も活発に行われています。

　第 6・1 表は革新的省エネ技術開発プロジェクトの概要と CO_2 の削減目標の一例で，関連する事業の主な事項を示しています。このような共同研究では航行中の水および空気抵抗の減少・燃料の燃焼効率の向上・二重反転プロペラ・PBCF（プロペラ・ボス・キャップ・フィンズ）・電子制御エンジン・廃熱回収システム・船底空気層潤滑・低摩擦船底塗料の開発等を併用することにより 30 ～ 50％の CO_2 の削減を目指しているようです。

　本書は現在活動中の船舶の解説書であり，将来建造される船舶についてはほとんど記載していませんでした。しかし，パナマ運河の拡幅工事が完工した結果，これからの世界の海上輸送や船型には大きな変化が生じると思われます。また，米国のシェールガス革命は今後大きく成長することが見込まれ，LNG 輸送のため積載量や燃費性能を大幅に向上させた次世代 LNG 船が 2017 年以降，次々と就航するので，本章で触れることにしましたが新しく開発された船型の船では，使用される用語も各社まちまちで統一されていないものも多いので各社が用いている用語をそのまま使用しました。

　機関出力については馬力表示，ワット表示などまちまちですが，参考とした資料にワット表示がないものも多いためです。必要な場合には

$$1\text{Ps}（仏馬力）= 735.5\text{W} = 0.7355\text{kw}$$

で換算をお願いいたします。

　国際条約などについても余り触れていませんでしたが，国際海運からの温室効果ガス排出削減対策については，MARPOL 条約の附属書改正について大まかな流れで紹介しました。CO_2排出規制は 2023 年から既存船の一部が規制の対象となり今後さらに対象船舶が拡大されると考えられ，船舶は燃費性能の優れたものに順次入れ替わることになります。こうした対策により，IMO の「GHG 削減戦略」の実現がなされると期待できます。

おわりに

（1）クルーズ産業

　春の行楽シーズンに花を添えるように，2019年4月27日，横浜港に外国の大型客船4隻が着岸しました。4隻同時にと言うのは，わが国では初めてのことで，横浜港が進めているクルーズ船の誘致の努力が実ったのだと思われます。4隻の船名，着岸場所などは大黒ふ頭に，パナマ船籍MSCスプレンディダ（137,000トン）とマルタ船籍のアザマラ・クエスト（30,000トン）。大桟橋に英船籍のダイヤモンド・プリンセス（115,000トン），山下ふ頭にバハマ船籍のノルウェージャン・ジュエル（93,000トン）です。今秋，新たに新港ふ頭が整備され，最大7隻が寄航港できるようになる予定です。2020年の東京五輪に向けて，クルーズ船誘致による観光振興や，宿泊施設の提供などに役立てていくことが期待されます。

　国土交通省では，わが国のクルーズ動向を把握すべく，毎年クルーズ船社や旅客船事業者，船舶代理店，旅行会社，全国の港湾管理者等を対象に，調査を実施しております。

　今般，2017年の調査をとりまとめた結果が海事局外航課，および港湾局産業港湾課より，関係先に送付されました。

　これによりますと，2017年の日本人のクルーズ人口は31.1万人となり，過去最多になりました。日本発着クルーズによるクルーズ船の寄航回数は，2,764回，訪日クルーズ旅客数は253万人となり，こちらも過去最高になりました。

　純金融資産1億円以上を所有する世帯の数は，OECD諸国では，米国が1位，日本はこれに次いでずっと2位を保っております。2017年には，126万世帯で，4年間に26%も増加しており，この傾向は続くと予想されています。客船部門に伝統のある日本郵船は，2020年半ばには，飛鳥Ⅱの後継船を建造することを発表しています。

　今後，日本の人口減少は加速しますが，世界第2位の富裕層を継続すること

によってクルーズ人口は増加していくものと思われます。

（2）パナマ運河の拡張

　1982 年，船舶の大型化，高速化に対応困難となっていた当時の運河状況を背景に，より大型の船舶が航行可能な海面レベルの第二運河建設を含む，現運河の代替となる運河の調査準備が日本，米国，パナマにより実施されました。1985 年 9 月 26 日より 5 年間，予算額は 5 年間で 2000 万ドル，日米とパナマの 3 国均等分担の署名，交換が 3 国外相間で行われ，調査委員会が発足しました。

　1993 年 9 月 20 日，最終報告書が採択され，調査は無事に終了しました。この調査では，次のことが明らかにされました。

（イ）運河の運航需要は，2020 年に運河の運航容量を超えると予想された。

（ロ）通航需要の増大に対応するため，21 世紀初頭には運河の新しい施設の建設についての検討が必要となる。

（ハ）海面レベルで太平洋と大西洋を繋ぐ海面式運河については，需要や費用予測の結果，経済的および財務的に実行可能でない。

　このような背景もあり，海面式運河は経済的および財務的に実行不可能でしたが，従来の開門式を採用した運河の拡張工事がなされ，2016 年 6 月 26 日新運河開通となりました。2022 年（Fiscal Year）におけるパナマ運河の通航隻数は合計 13,003 隻であり，このうち新運河を通航した船舶（ネオパナマックス船：従来のパナマ運河を通航できない大型船）は，3,619 隻（27.8％）となりました。また同年，コンテナ船は 2,822 隻がパナマ運河を通航し，1,647 隻（58％）がネオパナマックス船であり，LNG 船は 374 隻が通航し，そのうち 356 隻（95％）がネオパナマックス船となりました。

（3）新型コロナの影響とこれからの海事産業

　新型コロナウィルスは，海事産業にも大きな影響を及ぼしましたが，コロナ禍でも国際物流を担う海運業の重要性には変わりはありません。徐々に「ウィズコロナ」が浸透し，クルーズ観光なども少しずつ戻りつつあります。これからの海事産業も多くの人が活躍する業界であることを願うとともに，本書が引き続き，そこで活躍する方々のよき参考書となれば幸いです。

索　　引（和　文）

あ――

アーロン・マンビー号　　*2*

アジポッド　　*156*

飛鳥　　*12*

アフラ・マックス　　*43*

アルキメデス号　　*2*

い――

イージス艦　　*79*

一般貨物船　　*17*

出光丸　　*2*

イナート・ガス　　*47*

イナート・ガス装置　　*189*

移民船　　*13*

う――

ヴァーレマックス　　*55*

ウィンドラス　　*172*

ウェブ・フレーム　　*40*

ウォーター・ジェット推進　　*160*

右舷　　*115*

うず巻きポンプ　　*45,181*

え――

エアクッション型　　*93*

エア・ドラフト　　*113*

衛生管　　*191*

AFS 条約　　*193*

エコノマイザー　　*150*

エス・エー・バール号　　*5*

エゼクター　　*181*

エダクター　　*45*

エネルギー効率設計指標　　*196*

FOFO 方式　　*36,40*

F.O. セットリングタンク

148

MR 型　　*44*

LR 型　　*44*

LNG 船　　*49*

LPG 船　　*53*

沿海区域　　*89*

煙突マーク　　*194*

エントリー・ガイド　　*29*

遠洋区域　　*89*

お――

凹甲板船　　*90*

往復動ポンプ　　*45*

OHGC 船　　*24*

オーディナリー・ラダー　　*165*

オーバーパナマックス　　*27*

オープンハッチ　　*24*

オープンハッチ・ガントリー・クレーン船　　*24*

押船　　*35*

オルタネート・ローディング　　*60*

か――

カーゴ・コントロール・ルーム　　*46*

加圧水型原子炉　　*144*

カー・バルク・キャリアー　　*63*

カー・ラダー　　*62*

海図室　　*182*

改定管理方式　　*72*

外板　　*123*

カウ　　*49*

貨客船　　*4*

過給機　　*136*

隔壁　　*126*

火災制御図　　*188*

舵　　*163*

ガス・エア・ヒーター　　*150*

ガス・タービン　　*142*

ガストランスポート方式　　*51*

型幅　　*103*

型深　　*104*

片持梁型式　　*40*

ガトゥン湖　　*42*

可変ピッチプロペラ　　*153*

貨物船　　*17*

かわさき船　　*71*

乾舷　　*113*

乾舷標　　*113*

艦隊潜水艦　　*75*

ガントリー・クレーン　　*179*

乾燃式丸ボイラー　　*149*

き――

艤装品　　*163*

既存船燃料規制　　*198*

北前船　　*2*

喫水　　*104,112*

ギヤード・ディーゼル機関　　*137*

ギヤード・ベッセル　　*19*

客船　　*5*

キャビテーション　　*158*

キャプスタン　　*173*

キャメロン LNG プロジェクト　　*200*

ギヤレス・ベッセル　　*19*

キャンベラ丸　　*2*

給水加熱器　*150*
救難強化巡視船　*88*
救命筏　*186*
救命設備　*184*
救命艇　*184*
キュラソー号　*2*
局部強度　*118*
漁船　*63*
近海区域　*89*

く——
クイーン・エリザベス号
　5
空気予熱器　*150*
空中プロペラ　*160*
空母　*76*
クォーター　*115*
クォーター・ランプ・ウェー
　33
駆逐艦　*79*
組立てフロアー　*126*
クリーン・タンカー　*40*
クリスタル・シンフォニー
　8
クレーン　*179*
軍艦　*72*

け——
経済出力　*106*
係船装置　*172*
警備艦　*82*
ケープサイズ　*22*
ケミカル・タンカー　*40*
けんか巻き　*177*
原油洗滌　*49*
原油タンカー　*40*
兼用船　*59*

こ——
航空機転用型ガス・タービン
　143

航空母艦　*72,76*
鉱石専用船　*54*
工船　*71*
航続距離　*104*
甲板　*124*
甲板洗滌管　*191*
コーナー・キャスティング
　30
コーナー・プレート　*131*
コーナー・ポスト　*30*
固形式救命筏　*186*
国際総トン数　*109*
国際捕鯨委員会　*71*
穀物専用船　*58*
固定式加圧水噴霧装置
　189
固定式ガス消火装置　*189*
固定式消火装置　*189*
固定ピッチプロペラ　*153*
コファダム　*44*
コルト・ノズル・プロペラ
　155
コルベット　*80*
コンテナ船　*25*
コンデンサー　*150*

さ——
載貨係数　*54*
載貨重量トン数　*111*
載貨能力　*107*
サイクロイダル・プロペラ
　157
再生サイクル　*141*
最大幅　*103*
サイド・ストリンガー
　128
サイド・スラスター　*169*
再熱サイクル　*141*
砕氷船　*146*
サグ　*117*
さけ・ます流網　*67*

左舷　*115*
雑用ポンプ　*151*
サバンナ号　*2*
サバンナ号（原子力商船）
　2
サブマージド・ポンプ
　180

し——
GHG 削減戦略　*198*
G.S. ポンプ　*151*
シー・ビー　*36*
シーマージン　*106*
ジェット・ポンプ　*45*
軸馬力　*105*
自己研磨塗料　*193*
実体フロアー　*126*
自動車専用船　*61*
自動スプリンクラー装置
　189
ジブ・クレーン　*179*
ジプシーホイール　*172*
ジャパンマグノリア　*2*
ジャンピング・ロード　*60*
重構造型ガス・タービン
　143
シュー・ピース　*165*
重量物船　*36*
主機　*133*
主ボイラー　*149*
潤滑油　*148*
巡航客船　*5*
巡視船　*88*
巡視艇　*87*
純トン数　*111*
巡洋艦　*78*
巡礼船　*13*
ジョイスティック　*167*
哨戒潜水艦　*76*
消火主管　*189*
消火設備　*188*

消火せん　189
消火ホース　189
消火ポンプ　188
蒸気往復動機関　139
蒸気タービン　138
上甲板　124
衝動タービン　139
常用出力　106
ショルダー・タンク　59
シリングラダー　167
信号符字　100

す──
水管ボイラー　149,150
垂線間長　103
水線塗料　193
水中翼型　92
水陸両用艦艇　81
スエズ・マックス　27
スクラバー　48
スクリュー・プロペラ
　152
スコッチ・ボイラー　149
図示馬力　105
スターン　114
スタルケン　38
ストーム・バルブ　192
ストリップ・ポンプ　181
スモール・ハンディー　23
スラミング　128
スロップ　49

せ──
静止角　58
清浄機　148
清水管　191
清水ポンプ　151
制動馬力　105
石炭専用船　57
節炭器　150
Ｚペラ　156

セミコンテナ船　20,28
セル・ガイド　25
セルラー・ホールド　29
船橋　182
千石船　2
船首　114
潜水艦　74
船籍港　101
剪断力　118
全長　102
全通船楼船　90
船底１号塗料　193
船底２号塗料　193
船舶安全法　88
船舶番号　100
船尾　114
船名　99
船楼　89

そ──
掃海艦　86
掃海母艦　86
早期艤装　163
艙口　130
造水装置　151
操舵室　182
操舵装置　170
双胴型　91
総トン数　108
測深棒　191
速力　106
底曳網漁船　70

た──
ダーティー・バラスト　48
タービニア号　2
対潜巡洋艦　72
太陽の船　1
ダグラス・ワード　9
縦式構造　121
縦横混合方式　120

ダブル・ハル　45
多目的船　19
タンク・クリーニング　48
タンク・コンテナ　32
ダンケルクマックス　55
単底構造　44
単板舵　164

ち──
中速ディーゼル　137
釣漁船　65
チョック　175

つ──
２サイクル機関　135
釣合舵　164
吊舵　165

て──
ディーゼル機関　134
Ｔドライブ　156
定期船　19
低速ディーゼル　136
テクニガス方式　51
鉄船　95
デミスター　48
デリック　176
電気推進プロペラ　156
電子海図情報表示装置
　182

と──
動力操舵装置　170
登録長　103
登録幅　103
特殊船　4
ドライ・コンテナ　32
トリブチルスズ　193
トロール漁船　69
トロコイダル・プロペラ
　157

トン数　107

な──
流網　67
波型隔壁　127
波止弁　192

に──
二元燃料船　200
二重底　125
にっぽん丸　9
荷役装置　176

ね──
ネオパナマックス　22
燃料実績格付け制度　198
燃料油移送ポンプ　148
燃料油常用タンク　148
燃料油沈降タンク　148
燃料油ブースター・ポンプ
　148
燃料油噴射ポンプ　148

の──
ノット　106
ノルマンディー号　5

は──
バージ　34
バージ・インテグレーター・
　システム　36
バーティカル・スタッカー
　29
排水管　192
排水量型　91
ハイスキュー・プロペラ
　153
ハイブリッド2軸推進システ
　ム　200
バウ　114
バウ・スラスター　169

パウンディング　128
延縄　65
バカット　35
艀　34
ぱしふぃっく　びいなす
　12
バタワース　49
ハッチ　130
発電機　147
パナマックス　17,21
ハブ・アンド・スポーク・シ
　ステム　27
ハブ港　27
バラスト　191
バラスト管　191
バラスト・タンク　40
バラスト・ポンプ　151
ばら積船　54
バルカナス号　2
バルク・コンテナ　32
ハンギング・デッキ　63
ハンギング・ラダー　165
パンチング　128
パンチング・ストリンガー
　129
パンチング・ビーム　129
半釣合舵　164
ハンディー・マックス　23
ハンディサイズ　23
反動タービン　139
半平衡舵　164

ひ──
ヒーリング・タンク　38
氷川丸　4
ピッチ　152
ビット　173
非釣合舵　164
非平衡舵　164
表面効果船　95
ビルヂ　190

ビルヂ・ウェル　191
ビルヂ外板　123
ビルヂ管　190
ビルヂ溜　191

ふ──
ファッション・プレート
　129
フィーダー港　27
フィーダー・サービス　27
フェアリーダー　175
フェリー　13
フェロセメント船　97
フォイト・シュナイダー・プ
　ロペラ　157
4サイクル機関　134
不活性ガス　47
複合舵　164
敷設艦　86
ブタン　53
プッシャー　35
プッシャー・バージ　36
不定期船　19
フラッシュ　35
フラット・ラック・コンテナ
　32
フラップ付き複合舵　167
フリゲート　79
振廻し式　178
プリムソル・マーク　113
ブルーリボン　2
フルコンテナ船　27
ブルワーク　40
ブレスト・フック　129
プロダクト・タンカー　40
ブロック艤装　163
プロパン　53
分銅巻き　177
分離バラスト・タンク　44

へ——

平甲板船　*90*
平衡舵　*164*
米国コープポイントプロジェクト　*200*
平水区域　*89*
ベックツイン・システム　*168*
ペドロミゲル閘門　*42*
ヘビー・デリック　*20,38*
便宜置籍国　*102*
便宜置籍船　*102*

ほ——

ボイジャー・オブ・ザ・シーズ　*6*
ホイスタブル・デッキ　*62*
ボイラー　*149*
ボイル・オフ・ガス　*50*
膨張式救命筏　*186*
ボート・ダビッド　*185*
補機　*133*
補器　*146*
ホグ　*118*
北洋底曳船団　*71*
ポジショニング・コーン　*29*
補助艦　*82*
補助ボイラー　*149*
ポストパナマックス　*27*
母船　*71*
母船式漁業　*71*
ホバークラフト　*93*
ボラード　*173*
ポンツーン　*40*

ま——

MARPOL 条約　*196*
旋網　*68*
曲げモーメント　*117*
マラッカ・マックス　*27*

マルチパーパス・オープンハッチ・バルクキャリア　*24*
マルチプル・エンジン　*138*
丸ボイラー　*149*
満載喫水　*104*
満載喫水線標　*113*
満載排水トン数　*111*
満載排水量　*111*

み——

ミサイル艇　*87*
三島型　*90*
ミラフローレンス閘門　*42*

む——

ムアリング・ウィンチ　*173*
ムアリングホール　*175*

め——

明治丸　*95*
メガキャリアー　*6*
メガシップ　*6*
メタン　*50*
メンブレン方式　*51*

も——

木材専用船　*60*
木船　*95*
モジュール船　*37*
モス方式　*50*

ゆ——

有機スズ　*193*
油管　*192*
輸送艦　*87*
ユナイテッド・ステーツ号　*2,5*

よ——

容積トン　*107*
揚錨機　*172*
横強力部材　*126*
横式構造　*120*

ら——

ライパー　*19*
ラッシュ　*35*
ラッシング　*24*
ランプ・ウェー　*33*

り——

リバティー型　*21*
リフタブル・デッキ　*62*
梁上側板　*123*
旅客船　*4*
旅客定員　*4*

れ——

冷却水　*148*
冷凍コンテナ　*32*
レシプロ　*139*
レックスペラ　*156*
レベニュー・トン　*108*
連続最大出力　*196*

ろ——

ロード・オン・トップ　*49*
ロール・オン・ロール・オフ船　*33*
RORO 船　*15,28*
LOLO 方式　*28*
ロッテルダム　*6*
ロング・ストローク型　*137*
ロング・トン　*107*

わ——

ワーピングエンド　*172*

索　　　引（英　文）

A——

A/C　*193*
A/F　*193*
ACIS　*82*
AFRA　*43*
Air Craft Carrier　*76*
Air Draft　*113*
Alternate Loading　*60*
Angle of Repose　*58*
Anti Corrosive Paint　*193*
Anti Fouling Paint　*193*
Auxiliary Boiler　*149*
Auxiliary Engine　*146*
Azimuthing Electric Propulsion Drive　*156*
AZIPOD　*156*

B——

B/T　*193*
Bacat　*35*
Balanced Rudder　*164*
Ballast Pipe　*191*
Barge　*34*
Barge Carrier　*34*
BHP　*105*
Bilge Pipe　*190*
Bilge Well　*191*
Bitt　*173*
Boat David　*185*
Boiler　*149*
Bollard　*173*
Boot Topping Paint　*193*
Bow　*114*
Bow Thruster　*169*
Bracket Floor　*126*
Brake Horse Power　*105*
Breadth　*103*

Breadth Extreme　*103*
Brest Hook　*129*
Broken Space　*29*
Bulk Container　*32*
Bulkhead　*126*
Bulwark　*40*

C——

Cable-Laying Ship　*4*
Call Sign　*100*
Capstan　*173*
Cargo Gear　*176*
Cargo Ship　*4*
carrier　*3*
Cavitation　*158*
Cell Guide　*28*
Cellar Hold　*29*
Centrifugal Pump　*45*
Chart Room　*182*
Chemical Tanker　*40*
CII　*198*
Clean Tanker　*40*
Coal Carrier　*54*
Cofferdam　*44*
COGAG　*144*
COGOG　*144*
Combination Carrier　*54*
Combined System　*120*
Condenser　*150*
Controlable Pitch Propeller　*153*
Conventional Liner　*19*
Corbette　*80*
Corner Casting　*30*
Corner Plate　*131*
Corner Post　*30*
Corrugated Bulkhead　*127*

COW　*49*
CPP　*153*
Craft　*3*
Crane　*179*
Crude Oil Tanker　*40*
Cruise Ship Rating　*9*
Cruiser　*78*
Cruising Ship　*5*
CV　*76*
CVN　*76*
Cycloidal Propeller　*157*

D——

DD　*82*
DDG　*82*
DDH　*82*
DE　*82*
Dead Weight Tonnage　*111*
Deck　*124*
Depth　*104*
Derrick　*177*
Destroyer　*79*
DFD　*200*
DFV　*200*
Diesel Engine　*134*
Distilling Plant　*151*
Double Bottom　*125*
Double Hull　*45*
Douglas Ward　*9*
Draft　*104,112*
Draught　*112*
Dredger　*4*
Dry Combustion Boiler　*149*
Dry Container　*32*
DW, D/W　*111*

E——
ECA　198
ECDIS　182
Economizer　150
EEDI　196
EEXI　198
Entry Guide　29

F——
Factory Ship　71
Fair Leader　175
Fashion Plate　129
Feed Water Heater　150
Feeder　58
Ferryboat　5
Fishing Vessel　3
Flash　35
Flash Decker　90
Flat Rack Container　32
Float on Float off　40
FOC　102
FOFO　40
Freeboard　113
Fresh Water Pipe　191
Frigate　79
FRP　97
Fuel Injection Pump　148
Fuel Oil Booster Pump　148
Fuel Oil Service Tank　148
Fuel Oil Settling Tank　148
Fuel Oil Transfer Pump　148
Full Load Displacement Tonnage　112
Full Load Draft　104
Funnel Mark　194

G——
Galley　184
Gas Air Heater　150

Geared Diesel Engine　137
Geared Vessel　19
Gearless Vessel　19
General Cargo Ship　17
General Service Pump　151
Generator　147
GHG　195
GODOG　144
Grain Carrier　54
Gross Tonnage　108
GT　108
Gus Turbine　142

H——
Hanging Deck　63
Hanging Rudder　165
Hatch　130
Heaby Derrick　20
Heaby Duty Type Gas Turbine　143
Heeling Tank　38
Hog　118

I——
IACS　96
IBS　182
Icebreaker　4
IHP　105
Immigrant Ship　5
Impulse Turbine　139
Indicated Horse Power　105
Industrial Type Gas Turbine　143
Integrated Bridge System　182
Isherwood System　122
IWC　71

J——
Jumping Load　60

K——
Knot, kt　106

L——
LASH　34
Lashing　30
LCAC　87
Length Between Perpendiculars　102
Length Over All　102
Life Boat　184
Lifit on Lift off　28
Liner　5
Liner　19
LNG　49
LOA　102
Load on Top　49
LOLO　28
Long Stroke　137
Long Ton　107
LPG　54
LPP　103
LT　111

M——
M.S.　90
M.V.　90
Main Boiler　149
Marinized Air Craft Gas Turbine　143
MCR　106
Measurement Ton　107
Merchant Vessel　3
Mess Room　184
Molded Breadth　103
Molded Depth　104
Mooring Arrangement　172
Mooring Hole　175
Mooring Winch　173
Motor Yacht　4
Multi Purpose Ship　19

Multiple Diesel Engine Plant
        138

N——
Naval Vessel   3
Net Tonnage   111
NIPS   82
nm   106
Non Return Valve   192
NOR   106
NT   111
NTDS   82

O——
OBO   54
Official Number   100
OHGC   24
Oil Pipe   192
Open Floor   126
Ordinary Rudder   165
Ore Bulk Oil Carrier   54
Ore Carrier   54
Ore Oil Carrier   54

P——
Panting   128
Panting Beam   129
Panting Stringer   129
Passenger Ship   4
Passenger-cargo Ship   4
Patrol Vessel   4
PCC   61
Pitch   152
Pontoon   40
Port   115
Positioning Corn   29
Pounding   128
Pressurized Water Reactor
        144
Product Tanker   40
Purifier   148

Pusher   35

Q——
Q-FLEX   53
Q-Max   52
Quarter   115

R——
Ramp Way   33
Reaction Turbine   139
Reefer Container   32
Registered Breadth   103
Registered Length   103
Revenue Ton   108
RMP   72
ROB   49
Roll on Roll off   15,33
RORO   28
Rudder   163

S——
S.S.   90
S.V.   90
Sag   117
Sailing Yacht   4
Saloon   184
Sanitary Pipe   191
SBT   44,48
Scotch Boiler   149
Screw Propeller   152
Scupper Pipe   192
Sea Bee   35
SEEMP   196
Self Polishing Copolymer
        193
Semi-Balanced Rudder
        164
SES   95
SF   54
Shaft Horse Power   105
Shell Plate   123

Ship   3
Shoe Piece   165
Shoulder Tank   59
SHP   105
Side Stringer   129
Side Thruster   169
Signal Letter   100
Single Bottom   44
Skelton Floor   126
SL-7   26
Slamming   128
Smoking Room   184
Solid Floor   126
Sounding Rod   191
SPC   193
Special Vessel   3
SSB   74
SSBN   74
SSG   75
SSGN   75
SSN   76
Starboard   115
Steam Reciprocating Engine
        139
Steam Turbine   138
Steering Gear   170
Stern   114
Storm Valve   192
Stowage Factor   54
Strip Pump   181
Submerged Pump   180
Super Charger   136
Surface Effect Ship   95

T——
Tank Container   32
TBT   193
TEU   31
TFV   200
Three Islander   90
Training Ship   4

Tramp　*19*
Transverse Framing System
　120
Trochoidal Propeller　*157*
Tug　*4*
Twenty Footer Equivalent Unit
　31

U——
ULCC　*41*
Unbalanced Rudder　*164*

Union Perchase　*177*
Upper Deck　*124*

V——
Vertical Stacker　*29*
Vessel　*3*
VLCC　*41*
VLOC　*55*
Voith Schneider Propeller
　157
VSP　*157*

W——
Warship　*3*
Wash Deck Pipe　*191*
Washington Pump　*45*
Water Tube Boiler　*149*
Web Frame　*40*
Well Decker　*90*
Wheel House　*182*
Windlass　*172*

〈著者略歴〉

池田　宗雄（いけだ　むねお）

1961年　東京商船大学航海科卒業
　　　　三井船舶（大阪商船三井
　　　　船舶と改称）入社
1968年　甲種船長
1969年　東京商船大学専攻科修了
1981年　大阪商船三井船舶㈱船長
1988年　㈶日本気象協会
　　　　　航路気象部部長代理
1992年　㈳日本海難防止協会
　　　　　海上交通研究部部長
1996年　東海大学海洋学部教授
2002年　工学博士
2013年　海事技術史研究会会長

髙嶋　恭子（たかしま　きょうこ）

2002年　東海大学海洋学部航海工
　　　　学科卒業
2004年　東京商船大学大学院商船
　　　　学研究科博士前期課程修
　　　　了
　　　　鹿児島船舶㈱入社
　　　　３等航海士
2008年　東海大学海洋学部　非常
　　　　勤講師
2009年　東京海洋大学大学院海洋
　　　　科学技術研究科博士後期
　　　　課程修了
　　　　東京海洋大学海洋工学部
　　　　博士研究員
2010年　東海大学海洋学部　講師
現　在　東海大学海洋学部准教授

船舶知識のＡＢＣ（11訂版）　定価はカバーに表示してあります。

2002年 2 月28日　　全訂初版発行
2022年12月18日　　11訂初版発行

著　者　池田宗雄・髙嶋恭子
発行者　小　川　典　子
印　刷　藤原印刷株式会社
製　本　東京美術紙工協業組合

発行所 株式会社 成山堂書店

〒160-0012　東京都新宿区南元町4番51　成山堂ビル
TEL：03(3357)5861　　　FAX：03(3357)5867
URL　https://www.seizando.co.jp
落丁・乱丁本はお取り換えいたしますので，小社営業チーム宛にお送りください。

成山堂書店　海運・保険・貿易関係図書案内